AF373161

LES TROUS NOIRS
EN PLEINE LUMIÈRE

MICHEL CASSÉ

LES TROUS NOIRS EN PLEINE LUMIÈRE

© ODILE JACOB, AVRIL 2009
15, RUE SOUFFLOT, 75005 PARIS

www.odilejacob.fr

ISBN : 978-2-7381-2077-9

À feu ma mère l'étoile

INTRODUCTION

Je voudrais expliquer à la plus large audience la physique et l'astronomie des trous noirs de chétive proportion mais de grande illumination. Touchant les cordes de l'analyse, jetant comme un pont volant sur l'archipel de la physique, je fais le pari de mener sur les rivages quantiques et relativistes ceux qui voudront bien me suivre[1].

Comprenez-moi : cette navigation forcée au trou noir quantique, cette course à l'anéantissement et à la résurrection, est imposée par l'impatience de l'époque. Le LHC tourne et FERMI vole déjà ! L'un est un accélérateur de particules, l'autre un satellite astronomique. Aimons-les comme nos prothèses sensitives, nos dentiers à mordre l'idéal. Ils nous emmèneront toujours plus loin dans le vrai et le bel invisible.

Après celui de la radioactivité artificielle et des satellites éponymes, voici peut-être venu le temps des trous noirs

---

1. Bien évidemment, au fil de ce voyage, je serai amené à parfois simplifier quelque peu. Mes collègues corrigeront d'eux-mêmes. J'ai surtout voulu, pour le non-spécialiste, ne pas compliquer plus que de raison des points en eux-mêmes déjà très complexes.

artificiels. L'espérance de temps nouveaux n'a jamais été aussi vive en physique. La prophétie cordelière suscite une attente impatiente de la découverte de dimensions supplémentaires d'espace, *via* l'évaporation d'éventuels microtrous. Leur étincelante apparition dans les collisions de particules fortement énergétiques ou bien encore dans le ciel cosmologique serait un signe encourageant pour la théorie des supercordes et branes, dans son attente anxieuse de manifestation concrète. Amoureux de toutes les lumières, cherchons-les dans le ciel avec nos yeux satellisés ou bien, démiurges, créons-les, faisons-les jaillir dans les caves du CERN.

La physique entre ainsi dans une ère nouvelle, mettant son idéal à portée de machines. L'astrophysique n'est pas en reste : elle spatialise ses caravelles et les lance à la découverte de nouvelles Amériques célestes.

Ainsi vivons-nous des heures exaltantes, des temps de réconciliation dans la tempête. De réconciliation entre les forces et les théories qui les subordonnent. La tempête de particules sera déclenchée, elle, par les somptueuses collisions de protons lancés les uns contre les autres à une vitesse infiniment proche de celle de la lumière par les hommes du CERN, en guerre pour conquérir le nouveau monde de l'infiniment petit.

Techniquement, le collisionneur du CERN (le LHC de Genève, pour Large Hadron Collider) est le fruit d'une mobilisation sans précédent des énergies humaine et électromagnétique. Il constitue l'un des efforts les plus titanesques accomplis par l'humanité pour améliorer la connaissance de la nature intime de la matière et des forces qui l'organisent. Aussi a-t-il suscité les plus hautes espérances dans les rangs des explorateurs du microcosme, et ceux-ci se prennent à rêver, nouveaux démiurges, de reproduire, en modèle réduit le big-bang. Ce seront de minuscules genèses et, parmi les jaillissements d'êtres minuscules, certains espèrent célébrer, non sans raison, la naissance de petits trous noirs, éphémères et inoffensifs comme des papillons.

En toute hypothèse, l'évaporation de ces petites choses exquises est si vive qu'elle prend figure d'explosion, et c'est dans les débris que nous lirons la physique nouvelle. Si le scénario esquissé ci-dessus est vérifié au LHC, une ère nouvelle s'ouvrira. Ce sera peut-être une vérification proprement « lumineuse » de la thèse de celui qui occupe aujourd'hui la chaire de Newton, Stephen Hawking. Trous noirs de toutes masses, unissez-vous !

Parallèlement à ce rêve de physicien, une hantise s'est fait jour dans une certaine frange du public : celle que les hypothétiques microtrous noirs créés par les collisions de particules de haute énergie déclenchent une désastreuse réaction en chaîne. Ne pourraient-ils pas tout avaler sur leur passage et grossir démesurément en absorbant la Terre, constituant ainsi un véritable danger planétaire ?

Les théoriciens haussent les épaules, car ils s'accordent à penser, ayant lu Stephen Hawking, qu'à la différence de leurs congénères massifs mis bas par les étoiles massives, les microtrous noirs sont inoffensifs. Infiniment légers, ils s'évaporent aussitôt que formés. Mais qu'adviendrait-il dans le cas improbable où les prédictions concernant la production des microtrous noirs soient exactes et que celles de leur évaporation destructive soient fausses, en d'autres termes si le savant britannique avait tort ? Après tout, ce n'est qu'un homme ! Quelles seront la masse et la vitesse des trous noirs produits ? Ces paramètres détermineront la grandeur de leur bouche et la quantité qu'ils seront capables de gober sur leur passage. La situation a été prise au sérieux par la direction du CERN qui a diligenté un rapport officiel. Il a été prouvé, avec toute la compétence nécessaire, que les dangers que font courir à l'homme et au monde les particules accélérées par les hommes ne sont pas pires que ceux que le ciel nous réserve.

Caresser les (chats) trous noirs pour les faire rayonner (ronronner), partager avec le grand public la beauté de ces objets et notre prédilection pour les théories multidimensionnelles qui ouvrent la voie au « plurivers » : voilà une grande entreprise mentale qui ouvre la cage aux oiseaux de la pensée. Pour aller plus avant dans le beau et le vrai, le périple en quête du trou noir rayonnant que je vous propose se déploiera en une poussière de microchapitres regroupés en sept volets. Ils nous mèneront de la géométrie de l'espace-temps au tunnel rond du CERN.

CHAPITRE PREMIER

ASTROPHYSIQUE DU TROU NOIR

Blanc comme naine, noir comme trou

Les naines blanches sont de modestes résidus d'étoiles de type solaire qui se contractent lentement sous l'effet de leur propre gravité. Elles se rétrécissent jusqu'à épouser la taille de la Terre et se refroidissent jusqu'à s'assombrir. Froides, elles doivent leur stabilité et leur longévité non pas à la pression de la chaleur, mais à l'individualisme forcené des électrons qui, habitant plus près l'un de l'autre que ce n'est le cas dans la réalité quotidienne, se battent de toutes leurs forces pour conserver leur espace vital. Mais leur résistance connaît une limite. En 1930, Subrahmanyan Chandrasekhar a démontré que la pression quantique des électrons ne peut assurer le maintien d'une masse 1,4 fois supérieure à celle du Soleil. Qu'advient-il si elle dépasse ce seuil fatidique ? La mort stellaire prend alors l'ampleur d'un cataclysme éblouissant : une supernova. Si la masse excède deux à trois masses solaires, elle se résorbe dans l'invisible. Car la pression, retournant les armes, accélère la chute au lieu de la freiner. On déplore alors la formation d'un trou noir.

Noir et noir, du corps au trou

Ainsi les trous noirs s'originent-ils dans le cœur des étoiles effondrées. De cette mortelle floraison, que dit la relativité générale d'Einstein, experte en contraction et en chute ? En 1939, Oppenheimer et Snyder ont étudié le cas simplifié de la rétraction sur elle-même d'une étoile massive de géométrie sphérique sous l'effet de sa propre attraction gravitationnelle. Ils ont conclu qu'au fur et à mesure qu'elle se contracte, sa frontière s'approche d'une sphère de non-retour, appelée aujourd'hui horizon, de rayon $2\,GM/c^2$, dit de Schwarzschild (M étant la masse, G la constante de gravitation et c la vitesse de la lumière), qui sera le cœur théorique de ce livre, et que nous décrypterons dans un moment.

La belle étoile, complexe à souhait, avec sa structure d'oignon, ses couches nombreuses où brûlent des fluides nucléaires variés, ses zones radiatives et convectives, etc., se réduit alors à rien ou presque. Un luxe de détails sur le grand corps stellaire en effondrement est perdu à l'exception de trois quantités : la masse, le moment angulaire et la charge électrique. Ce qui occasionne, vous l'avouerez, une perte d'information considérable.

Extinction de l'espace et du temps

La compréhension du rayonnement des objets en effondrement, en dépit d'indéniables progrès enregistrés ces dernières décennies, constitue un véritable défi théorique, mais surtout logique.

L'énergie émise par la surface de l'étoile est affectée par un fort effet gravitationnel. Du point de vue d'un observateur extérieur stationnaire dans le lointain, l'étoile a tendance à se clore comme une fleur qui enfermerait sa lumière. N'ayant pas de meilleurs mots pour le dire, la raison démissionne : on concède du bout des lèvres qu'un trou noir s'est formé. Et on ajoute aussitôt que l'observateur extérieur est incapable de voir l'intérieur. Le temps a du plomb dans l'aile : de loin, les événements piétinent, et il faut une durée *infinie* pour que l'étoile se coupe de toute communication et en vienne à disparaître. Mais, pour un observateur « comobile », c'est-à-dire en chute libre avec l'étoile, cette durée, au contraire, est *finie*. Cette bizarrerie ne cesse de nous tisonner l'esprit.

Passé le rayon critique, le volume de l'étoile (ou de son cœur, plus précisément) doit inéluctablement se réduire à zéro pour former une singularité spatio-temporelle éternelle de densité infinie. C'est du moins la sinistre prédiction de la théorie. Ainsi, l'espace peut être réduit en boule comme une vulgaire feuille de papier par une main nerveuse et le temps éteint comme une flamme. Les lois de la physique les plus sacrées sont foulées aux pieds.

Plus positivement, l'effondrement gravitationnel s'intègre à la machinerie de l'Univers, le poussant à évoluer et donnant peut-être un sens à cette évolution au dire de Lee Smolin.

Trou noir non conservateur

Par conséquent, le trou noir tend à être l'état le plus bas (en énergie) caractérisé par des quantités *absolument* conservées, en l'occurrence masse, moment angulaire et charge électrique. À la différence de l'étoile, cependant, il n'est pas supposé préserver l'identité des particules, chère aux physiciens nucléaires. La preuve en est que lorsqu'un proton ou un électron y tombe, il perd jusqu'à son nom.

En effet, dans ce vaste monde, hors trou noir, une loi de conservation fait foi : celle du nombre de nucléons. Elle signifie simplement que le nombre de protons et de neutrons dans l'Univers est constant. Or cette loi est narguée par le trou noir, puisque la matière engloutie se déleste de ses attributs, sa qualité de proton ou d'électron par exemple. Mais la matière sans qualité, peut-on dire, est la matière *une*. En d'autres termes l'*universalité* de la matière que suggère le concept de trou noir, fait sauter un verrou, voilà la voie ouverte à l'*unification* de la force électrofaible (qui gère les électrons) et forte (qui régit les quarks consécutifs des protons et neutrons) : elles s'uniformisent dans l'indistinction. Les physiciens des particules garderont en tête cette leçon. Le trou noir est décidément une bien étrange étoile.

Poire des Pyrénées

Une poire, contenant un certain nombre de protons et de neutrons, tombe dans un trou noir. On pourrait penser que celui-ci y gagne des nucléons. On se tromperait, car cela n'a aucun sens à l'intérieur du trou noir. Et pourtant, à l'extérieur, quand une poire tombe dans un trou noir, le nombre de nucléons de l'Univers décroît. Le même événement prend un sens totalement différent selon qu'on en parle de l'intérieur ou de l'extérieur. Vérité en deçà des Pyrénées, fausseté au-delà ! Nous verrons une autre illustration de cette maxime lorsque nous analyserons plus avant les points de vue du spectateur et de l'acteur s'agissant de la chute dans un trou noir. Je vous le dis sans ambage : l'un perçoit un horizon brillant, l'autre pas. Où est la réalité si elle dépend du mouvement ? À chacun la sienne ? À la vôtre !

Cheveux d'ange

Le trou noir s'est retiré du monde. Dépouillé de tout artifice, le voilà dans le plus simple appareil. Il ne garde sur la peau que l'essentiel, l'indice de son ordre : masse, charge électrique et moment angulaire. Il sombre dans l'anonyme. Mais sa « vie intérieure », si l'on peut s'exprimer ainsi, est particulièrement riche et mouvementée. Pour John Archibald Wheeler, c'est la coiffure qui fait l'originalité de la personne. Il conclut donc, et le mot est resté, que les trous noirs sont chauves. Roger Penrose et Stephen Hawking en ont fait un théorème : les trous noirs n'ont pas de cheveux.

Il n'y a pas moyen de dire si le trou noir a été créé à partir de lumière, de neutrinos, de matière stellaire ou de pianos à queue, ni même de savoir si quelque chose (quelle chose ?) est tombé dedans.

Docteurs ès désordre

Je vous le dis tout net : le trou noir est l'idée la plus obsessionnelle de la physique, tout comme la mort dans un autre registre. Mais on repeint sans cesse le tombeau, et on le place dans une vitrine au musée d'art moderne de la science, si j'ose dire : examiné à la loupe, ce chef-d'œuvre de minutie qu'est l'horizon du trou noir est comme couvert de minuscules enluminures en forme de tesselles, d'écailles de Planck de 10^{-33} centimètre de côté. Sur chacune est gravé un 0 ou un 1. Le comptage du nombre d'écailles suffit à estimer l'entropie du trou noir. Et, quand on se livre à l'exercice, on aboutit à cette conclusion stupéfiante : les trous noirs sont les objets les plus simples de l'Univers, les plus rares, certainement, mais aussi les plus pagailleux.

Car la plus grande partie du désordre de la matière s'est réfugiée en eux. Nous comprendrons ce prodige dans quelques chapitres d'ici.

Naissance chaotique des perfections sombres

Le trou noir est une région de l'espace-temps dont l'agile lumière elle-même ne peut se déprendre, ni rien d'autre, à plus forte raison. La frontière de cette région, appelée horizon des événements, n'est pas fixée à jamais, c'est une surface dynamique. Si quelque masse/énergie tombe dans le trou, la surface de l'horizon s'accroît. De plus, elle se déforme. Les distorsions se résorbent rapidement par émission d'ondes gravitationnelles, l'horizon se calme et prend la forme d'une sphère très régulière, légèrement plus grande qu'auparavant. Ayant cessé toute virevolte et éradiqué ses malformations, dans son état dormant, calme et détendu, sans voisin immédiat, un trou noir stellaire est la bête la plus paisible du monde. Il affiche grande stabilité ainsi que rotondité parfaite, lisse et sans aspérité. Il est doux comme une peau de bébé ou un visage bien rasé, mais ce n'était pas le cas à la sortie du nid : il était barbu de naissance.

Simplicité finale

Bref, quand un trou noir se forme au cours de l'effondrement d'une étoile massive, toutes les fioritures de l'objet originel sont gommées. Il se débarrasse des imperfections qui le faussaient. Ne subsiste du point de vue de l'éternité qu'un objet idéal, fait de rien d'autre que d'espace-temps et d'énergie pure. Simple comme bonjour. Si on le tient isolé, il sera sans histoire. Le trou noir est par conséquent la forme définitive qu'épouse la matière concentrée. Cette grande économie de description d'un objet « mort » contraste avec la richesse et la complexité structurelle et historique des états antérieurs de la matière atomique qui ont abouti à lui. Finalement, une étoile est infiniment plus compliquée dans sa composition, sa structure et sa vie qu'un trou noir, dans son incompréhensible simplicité.

Un trou au cœur

Absolue noirceur, il n'en sort strictement *rien*. Tout ce qui y tombe ne reviendra *jamais*. Il ne se définit que dans l'absolue négativité. C'est, en quelque sorte, l'image de la mort dans le ciel. Au-delà de toute description. Trou noir dans la connaissance, le centre où s'est réfugiée toute la masse d'un astre effondré est totalement indicible. (On le qualifie pudiquement de « singularité » ; on pourrait plus sévèrement le traiter d'« absurdité ».)

Trou noir ou pas

Pour clore aimablement ce petit galop d'essai autour du précipice, confectionnons un petit tableau (noir) pour décider qui est trou noir, qui ne l'est pas et qui est proche de l'être. La meilleure définition que nous pouvons donner du trou noir est la suivante : c'est *un objet dont la taille est inférieure ou égale à son rayon de Schwarzschild*[1] *($2GM/c^2$)*. Inversement, un objet de taille supérieure à celui-ci peut être qualifié de « banal ». Selon leur taille et leur masse, par conséquent, les objets peuvent être triés comme des lentilles. D'un côté les trous noirs, de l'autre tout ce qui ne l'est pas.

____

1. Encore appelé horizon des événements, car les événements qui adviennent à l'intérieur de cet horizon ne peuvent exercer aucune influence sur l'extérieur. Ils sont de ce fait parfaitement inobservables.

Le rayon de Schwarzschild d'un objet de 10^{-5} gramme est de 10^{-33} centimètre. Il s'agit, notez-le, du trou noir le plus petit du monde, du moins celui que nous pouvons décrire dans le cadre de la théorie actuelle : c'est le trou noir de Planck. Celui du Soleil est de 3 kilomètres. Donc, l'astre du jour jouit de la pleine normalité, si tant est que le trou noir constitue un cas pathologique, puisque son rayon est de 700 000 kilomètres. Le rayon d'une étoile à neutrons est, quant à lui, de 10 kilomètres (pour une masse comparable à celle du Soleil). Cet astre claquemuré est par conséquent proche de l'état de trou noir.

Jouons encore, et plus furieusement, emportés par le démon de la danse calculatoire. Qu'en est-il de l'Univers observable ? Il est trou noir ou bien proche de l'être ! Faut-il s'en étonner ? Un Univers fermé peut être considéré comme un trou noir. Car fermé, dans le langage de la cosmologie, signifie de densité supérieure à la densité critique telle que l'énergie totale, somme des énergies cinétique et potentielle, soit nulle. Et fermé, notre Univers n'est pas très loin de l'être.

Trou noir est ce dont la taille est inférieure au rayon de Schwarzschild. À cette aune, le proton (de rayon 10^{-13} centimètre et de masse $1{,}6.10^{-24}$ gramme) est loin d'être un trou noir, mais toutes les particules dites élémentaires menacent de l'être ! Tous les quarks et leptons (électrons et neutrinos) du monde seraient des trous noirs si on leur accordait un rayon nul.

Mais tout cela reste classique. Presque banal. Ce qui vient sera plus épicé. De poivre quantique.

CHAPITRE 2

PHÉNOMÉNOLOGIE DU TROU NOIR CHANTANT

Dans ce chapitre, nous allons poser le pied sur le premier barreau de l'échelle par laquelle nous devons monter à l'assaut des grandeurs du trou noir brillant. Il s'agira tout d'abord d'expliquer le rayonnement des fours et des étoiles.

Rayonnement de la chaleur

Quelles sont les propriétés générales du rayonnement en équilibre thermique[1] avec la matière, c'est-à-dire de même température ? C'est précisément la question qui a donné naissance à la mécanique quantique et à l'interprétation du rayonnement lumineux en termes de photons. Les

---

1. Un système de particules en interaction tenu isolé des influences extérieures en est un bon exemple. En interagissant, elles échangent de l'énergie et de l'impulsion, et atteignent un état où la distribution de vitesse des particules ne change plus. Dans un intervalle quelconque de vitesse, il rentre des particules en nombre égal qu'il en sort. L'équilibre thermique est atteint lorsque les parties en contact thermique cessent d'échanger de l'énergie *via* la chaleur. La température est alors uniforme.

lois expérimentales du rayonnement des corps chauds ont en effet représenté une pierre d'achoppement pour la physique classique.

Selon la première, attribuée à Wien, *la lueur d'un corps change de couleur au fur et à mesure que s'élève sa température*. Un tuyau de fer passé à la flamme d'un chalumeau, initialement sombre prend successivement une tendre couleur framboise (500 °C), puis rouge, orangée, jaune (800 °C), blanche (1 000 °C), bleue, et enfin invisible (ultraviolette). La deuxième loi, dite de Stephan-Boltzmann, stipule que *plus la température d'un corps est élevée, plus il éclaire* : le fait de tripler la température se traduit par une multiplication de la luminosité par cent environ.

On disposait ainsi de deux lois universelles applicables à tous les corps. Or les physiciens éprouvent un attrait irrésistible pour l'unité. Dès qu'il s'avère qu'un phénomène est décrit par plusieurs lois qui en révèlent les différents aspects, ils tentent aussitôt de les unir pour en former une seule, embrassant tous les aspects à la fois. C'est ce qu'ont entrepris de faire les physiciens anglais Rayleigh et Jeans. Ils ont formulé une règle unique, selon laquelle *la puissance lumineuse (ou luminosité) était proportionnelle à la température absolue et au carré de la fréquence de la lumière émise*. Cette loi était pleinement conforme aux données expérimentales, limitées alors au vert et au jaune du spectre, jusqu'au jour où l'on s'aperçut que la formule divergeait dangereusement dans le bleu et le violet. Pire, la quantité d'énergie rayonnée par seconde dans l'ultraviolet devenait infinie. Catastrophe ! Si une loi physique conduit au mot « infini », on peut en conclure qu'elle est fausse. Personne cependant ne pouvait soupçonner qu'il ne s'agissait pas de la faillite d'une loi particulière, mais de tout l'édifice théorique qui l'avait engendrée, c'est-à-dire de la physique classique dans son ensemble[2].

Le réajustement des concepts allait prendre un tour complexe que nous ne décrirons pas ici. Nous développerons une argumentation minimaliste pour aller au cœur du sujet et en éviter les méandres. Voici toute la physique de l'époque en quelques phrases :

1. Le rayonnement électromagnétique est ondulatoire ; il se propage à la vitesse de la lumière. Le nombre de photons par cm^3 est donc proportionnel à T^3, et par conséquent l'énergie par cm^3 est proportionnelle à T^4.

2. Les corps chauffés émettent des rayonnements dont la fréquence est proportionnelle à la température : c'est un fait d'expérience[3].

3. L'énergie cinétique moyenne des particules d'un gaz est proportionnelle à la température[4].

Petits fours

Lorsque deux quantités (ici l'énergie et la fréquence) sont proportionnelles à une troisième (ici la température), elles sont proportionnelles entre elles. Le syllogisme ici est le suivant : *l'énergie d'une particule est proportionnelle à la température ; la fréquence d'une onde est proportionnelle à la température ; donc, l'énergie d'une onde-particule est proportionnelle à sa fréquence.*

---

2. La physique et la cosmologie actuelles ont à faire face à une catastrophe conceptuelle d'égale ampleur concernant l'énergie du vide et la constante cosmologique.

3. Un fer à cheval passe du rouge, au blanc puis au bleu au fur et à mesure que la température de la forge s'élève. Les couleurs correspondent à des longueurs d'onde différentes : celle du rouge est plus longue que celle du bleu.

4. Selon les conclusions de la mécanique statistique, les propriétés d'un système en équilibre thermique sont entièrement déterminées par la température et un petit nombre de quantités conservées (énergie, nombre de particules, etc.).

La lumière est comme un gaz de photons. Voilà qui permet de comprendre les propriétés essentielles du rayonnement dit de corps noirs (fours, étoiles et trous noirs).

L'image de la lumière comme café en grains nous permet de comprendre ses propriétés essentielles : la variation de sa densité d'énergie et celle de la luminosité des objets en fonction de la température. La longueur d'onde typique associée aux photons est inversement proportionnelle à la température. Elle donne un ordre d'idée de la distance qui sépare les grains de lumière.

Dans la même veine, la luminosité L d'un corps sphérique de rayon R (quantité d'énergie émise par seconde) est proportionnelle à sa surface et à la quatrième puissance de sa température (loi de Stephan-Boltzmann).

La panoplie du parfait petit astrophysicien est complète. Encore un petit effort, et nous disposons de l'imagerie mentale et de l'arsenal de formules nécessaires pour prendre à l'abordage la plus grande partie des objets rayonnants du ciel, du moins ceux qui émettent un rayonnement thermique[5].

Premier galop[6]

Le principe d'économie de la pensée doit gouverner toute recherche scientifique. À peine réveillée, la science ne pense pas, elle calcule son idéal. Ensuite, elle vérifie ses spéculations

---

5. Certains objets ou phénomènes sont sources de rayonnement non thermique (le rayonnement cosmique, par exemple).

6. Dans ces formules, on doit faire la part entre les variables (paramètres) et les constantes : v est la vitesse, T la température, ν (nu), la fréquence, m et M les masses, R la distance, V la différence de potentiel ; k, h, c, G et e sont des constantes universelles : constantes de Boltzmann, de Planck, vitesse de la lumière dans le vide, constante de la gravitation de Newton et charge électrique élémentaire. Les valeurs numériques des constantes sont affichées en fin d'ouvrage.

et rajuste ses hypothèses. En ce petit matin de la physique, au pain sec et à l'eau, nous nourrirons notre propos de descriptions mathématiques pouvant déboucher sur des prédictions, avec toute la cynique simplicité de l'avarice comptable de la physique. La plantation de mots (« explications ») dans les parterres de la physique, relevant nécessairement de la métaphysique et de la poésie viendra ensuite apporter l'ail, l'huile ou le raisin, pour donner goût à la pensée.

Ces quelques lois énergétiques résument nos connaissances :

$$E = 1/2 \; mv^2$$
$$E = kT$$
$$E = h\nu$$
$$E = mc^2$$
$$E = -\, GMm/R$$
$$E = eV$$

Ce diadème exprime toute la richesse du concept d'énergie et la variété de ses formes interconvertibles : cinétique, thermique, rayonnante, massique, gravitationnelle et électrique. Examinons ces purs diamants à l'œilleton du joaillier.

Univers de langage

$E = kT = eV$ permet de passer du langage des chauffagistes à celui des électriciens et d'exprimer les températures en MeV (mégaélectronvolts). 1 électronvolt équivaut à 10 000 degrés environ[7].

---

7. 1 MeV = 10 milliards de degrés Kelvin (10^{10} K), 1 GeV = 10^{13} K.

$E = mc^2 = eV = kT$ veut signifier que le proton a une masse au repos de 938 MeV et qu'il faut accélérer des particules et les porter à une énergie de 2 GeV environ, au minimum, pour que jaillisse, dans des collisions fomentées, une paire proton-antiproton. Ainsi crée-t-on de l'antimatière au CERN[8].

Croisement de « lois »

Marions-les ! Synthétisons ces concepts. Croisons ces « lois » comme du vulgaire bétail : il en naîtra des concepts physiques de grande utilité pour lancer des satellites, calculer la vitesse des bolides que sont les molécules d'un gaz, créer des particules nouvelles dans les grands accélérateurs, donner une raison au fait que le Soleil brille, lire l'heure sur une horloge posée sur une étoile à neutrons, etc.

Longueur de Compton[9]

$E = h\nu$, ce petit poème lumineux peut être, par sa puissance conceptuelle, comparé à $E = mc^2$, avec lequel d'ailleurs il peut être combiné. Imaginez que l'énergie d'un rayonnement atteigne deux fois la masse de l'électron. Une sorte de miracle se produit : l'énergie se matérialise ! Un électron (–) et un antiélectron (+) apparaissent simultané-

---

8. Des particules de cette énergie sillonnent l'espace constituant le rayonnement cosmique, qui est apte, de ce fait, à produire des antiprotons, mais fort dilué, il est constitué de particules éparses qui ne sont pas en équilibre thermique. Aucun milieu naturel dense n'est assez chaud pour que l'énergie cinétique moyenne des particules soit aussi élevée, hormis le big-bang.

9. Arthur Holly Compton (1892-1962) a découvert que la longueur d'onde des rayons X s'accroît après diffusion sur des électrons. Il a ainsi mis en évidence le caractère corpusculaire du rayonnement électromagnétique, ce qui lui a valu le prix Nobel de physique.

ment. C'est le régime énergétique où la mécanique quantique non relativiste (qui considère des systèmes à nombre de particules constants) fait place à la théorie quantique des champs (qui admet des variations dans le nombre de particules, c'est-à-dire les créations et les annihilations). Égalisons l'énergie de masse ($E = mc^2$) avec l'énergie lumineuse ($E = h\nu = hc/\nu$). Il vient, tout naturellement $\nu = h/mc$. De manière édifiante, cette longueur (d'onde), dite de Compton, qui ne dépend que de la masse des particules (car h et c sont des constantes universelles), représente la « taille » de la particule de masse m. Pénétrer par effraction à l'intérieur de la sphère de Compton, c'est mettre en danger l'intégrité de la particule. $\nu = h/mc$, est une mesure du rayon d'action, de la taille effective d'une particule, de la place qu'elle tient dans le monde. Les conséquences de cette longueur quantique sont nombreuses. Égalée au rayon de Schwarzschild, d'obédience gravitationnelle, elle sert notamment à définir la masse de Planck, laquelle en retour fournit un étalon de longueur « ultime » : la longueur de Planck. Osez égaler les échelles de longueurs quantique et gravitationnelle, et vous prendrez pied dans le domaine exorbitant de la gravité quantique, aux frontières de la connaissance.

Décalage gravitationnel

Soit une onde électromagnétique de fréquence ν prise dans un champ gravitationnel. Elle se comporte comme une particule de masse $m = h\nu/c^2$. De fait elle tombe, attirée par une masse M : son énergie potentielle gravitationnelle se transforme en énergie de lumière. Le rayonnement électromagnétique est donc sensible à la gravitation. Poussant la célérité à son comble, sa vitesse ne peut croître. Il en résulte que sa fréquence augmente pour emmagasiner l'énergie qu'elle acquiert en tombant. Perdant de l'altitude, il perd de l'énergie potentielle, mais acquiert de l'énergie de mouvement. Tombant d'une altitude élevée à une altitude plus basse, il gagne de la fréquence : ainsi s'explique le *blue shift* gravitationnel. Inversement, pour que le rayonnement se dégage d'un champ gravitationnel, il doit céder de l'énergie et de ce fait sa fréquence diminue (sa longueur d'onde augmente), on parle alors de *redshift*.

Soit une masse M ponctuelle gisant dans l'espace, il est un lieu, une altitude par rapport à M où l'énergie (totale) des photons est nulle. $hv = GM\ hv/c^2$, ce qui correspond à $R = GM/c^2$. Mais si l'énergie du photon est nulle, sa fréquence l'est aussi et le *redshift* (ou décalage relatif de fréquence) est infini. Le rayon de l'horizon d'un trou noir de masse M est $2\ GM/c^2$, mais le principe reste le même. Le rayon de Schwarzschild est celui d'une sphère-horizon sur laquelle la fréquence du rayonnement s'annule (le *redshift* gravitationnel est infini). On ne peut le dire plus vertement.

Quelle en est la raison profonde ? Einstein interprète le décalage des horloges dans les champs de gravitation en termes de dilation du temps. Une horloge bat plus lentement au fur et à mesure quelle se rapproche du sol ; inversement, elle bat plus vite quand elle s'en éloigne. Cela signifie qu'une seconde en montagne est plus courte qu'une seconde à la mer. La gravitation ralentit les mouvements périodiques ! Un cœur en altitude bat plus vite qu'un cœur au niveau des vagues[10]. Plus frappant (mais moins battant) encore, une horloge à la surface d'un trou noir cesse de battre pour l'observateur éloigné, comme si le temps était aboli.

Ce livre pourrait se terminer ici. Il aurait au moins la vertu de la concision, et l'auteur serait gratifié s'il laissait son

---

10. L'effet est minime sur Terre, mais il a été mesuré, et le GPS en tient compte.

sceau sur l'argile des esprits. Mais il faut dépeindre, décrire et surtout démontrer que ces maigres formules s'appliquent, non pas à la « réalité », ni à la « nature », termes mal définis, mais à la description des phénomènes physiques.

Au trou

Nous allons, à notre manière, faire sortir le trou de son mutisme lumineux, de son irréprochable habit noir, pour en donner une vision plus claire. Appliquons les concepts et les « lois » que je viens de présenter au cas particulier du trou noir. Nous pourrons ainsi en tirer la substantifique moelle, c'est-à-dire des prédictions vérifiables.

Regardez-les, humez-les, ouvrez-les comme des noix. Elles constituent le trésor perlier de la physique fondamentale, car elles relient les concepts en chapelets de symboles[11] :

1. $L = ct$ (Einstein)   *longueur-temps*
2. $E = mc^2$ (Einstein)   *masse-énergie*
3. $R = 2\,Gm/c^2$ (Schwarzschild) *longueur-masse*
4. $E = h\nu = hc/\lambda$ (Planck)   *énergie-temps (longueur)*
5. $E = kT$ (Boltzmann)   *énergie-température*
6. $S = E/T$ (Clausius)   *entropie-énergie*

Ou, encore, dans le dépouillement le plus extrême[12] :

$$[L \sim t].[E \sim M].[L \sim M].[E \sim 1/L].[E \sim T].[S \sim 1/T]$$
$$\quad 1 \qquad\quad 2 \qquad\quad 3 \qquad\quad 4 \qquad\quad 5 \qquad\quad 6$$

---

11. c est la vitesse de la lumière, t le temps, E l'énergie, m la masse, R le rayon de Schwarzschild, G la constante de la gravitation universelle, h la constante de Planck, ν la fréquence, λ la longueur d'onde, k la constante de Boltzman et T la température.

12. Le signe tilde (~) signifie proportionnel.

Cette histoire (réchauffée) était nécessaire pour apprendre la musique et la sobre volonté à la jeunesse. Sur ce clavier de correspondance l'aspirant physicien s'essaie aux rocks et menuets. Les trois premières touches sont *relativistes*, la quatrième *quantique* et la dernière *thermodynamique*[13].

La première relation est la plus évidente de toutes : elle est fondée sur l'existence d'une vitesse invariante, c, celle de la lumière. La distance parcourue à la vitesse c est égale à c multiplié par le temps de vol : $l = ct$. La deuxième relation, reliée à la première, $E = mc^2$, est plus subtile. Nous en ferons l'expérience plus avant. Elle est le fleuron même de la relativité, la carte de visite d'Einstein. La troisième est constitutive de la notion de trou noir, singularité blottie derrière un horizon impénétrable. La quatrième, emblème de la physique quantique, arborant le symbole h de Planck, a vu le jour de manière fort contournée, mais nous en avons donné une explication très simplifiée. Les cinquième et sixième concernant l'énergie-chaleur et l'entropie émargent à la thermodynamique. Elles sont à l'origine de deux grands principes, l'un de conservation, l'autre d'évolution. Quant à la quatrième, celle qui actionne le marteau faisant vibrer les pianos : c'est la *quantique* touche. Magique, elle arrache de la lumière au noir.

Énergétique de l'incarcération

Tenons appuyée la quatrième note, c'est celle de la musique la plus moderne, qui émeut les disciples de Heisenberg et Pauli. Confiner (comprimer), c'est chauffer ;

---

13. La thermodynamique recouvre les lois de la nature qui régulent le comportement d'un grand nombre d'atomes en tant que groupe, c'est-à-dire de manière statistique. Elle inclut les lois des transferts de la chaleur et d'énergie entre corps à différentes températures.

détendre (décompresser), c'est refroidir. Voilà qui est évident pour chacun d'entre nous. Mais nous pouvons donner une base solide à cette affirmation à partir de ce microscopique chapelet de formules. Appuyons sur les touches 5 et 4 : nous obtenons la petite chaîne ($E \sim T \sim 1/L$). Il est clair que si L diminue, E augmente et T fait de même. Nous allons faire bon usage de cette règle.

Prison atomique

Embastillé entre les murs de sa prison atomique, l'électron ne reste pas en place. Plus on cherche à le contraindre, à limiter son espace vital, plus il s'agite et plus son énergie cinétique augmente. C'est une simple conséquence du principe d'incertitude de Heisenberg. Plus étroite est la taille de sa cellule, plus grande est l'agitation du prisonnier. Ce précepte central sera la clé du calcul de la température des trous noirs.

Tunnel dans le trou noir

Imaginons, en effet, que la cellule carcérale soit un trou noir délimité par un horizon et que ce goulu ait avalé de la lumière. Celle-ci chercherait péniblement à filtrer à travers sa surface et à s'évader pour revivre sa libre vie de lumière. Quelle serait la température de cette lumière[14] ? Feignons que cette agitation quantique corresponde à une température, ce n'est pas déraisonnable puisque la température, usuellement, est la mesure de l'agitation thermique

---

14. Selon la loi de Wien, tout corps chauffé rayonne et la couleur dominante de la lumière est telle que $\lambda T = 0{,}29$ cm.K. Étoile, vous brillez dans l'invisible d'une lumière si rouge qu'on ne la voit pas. Sa longueur d'onde est 0,29/37,2 cm.

(E = kT exprime la solidarité entre température et énergie. *k* est la constante de Boltzmann[15]).

L'énergie quantique, de type résolument cinétique, car elle caractérise un mouvement d'agitation, est inversement proportionnelle à la taille du système considéré. Mais la « taille » d'un trou noir, définie comme le rayon de son horizon, quant à elle, est proportionnelle à sa masse (R = 2 GM/c^2). La température est proportionnelle à l'énergie (E = kT). Donc, *la température d'un trou noir est inversement proportionnelle à sa masse*. On se serait lourdement trompé en associant naïvement E = mc^2 et E = kT, car, dans ce cas, on aurait mis en regard une énergie de masse à une température, ce qui est une aberration. La température doit toujours être associée avec une énergie cinétique.

Arrêtons-nous une seconde pour mesurer le chemin accompli : nous étions bouche bée devant les trous. Le mystère était béant et nous les considérions comme des monstruosités. Les voilà transformés en simples objets physiques dotés d'attributs palpables et tangibles comme la masse, la taille et la température. Qui a peur des trous noirs ?

Peut-on en calculer la brillance ? La luminosité d'un objet, c'est-à-dire la quantité d'énergie rayonnée par seconde, tous les astronomes le savent, est proportionnelle à sa surface (et donc au carré de son rayon, s'il est sphérique comme une étoile) et à la puissance quatrième de la température[16]. Mais comme la température est proportionnelle à l'inverse du rayon et donc de la masse, la luminosité est inversement proportionnelle au carré de la masse.

---

15. À ne pas confondre avec K, qui symbolise les degrés Kelvin, exprimant la température absolue. 0 K = − 273 °C. Retenez qu'un électronvolt correspond à 10 000 degrés environ.

16. Loi de Stephan-Boltzmann.

Mais briller, les étoiles vous le diront, c'est perdre de l'énergie (de la masse). Le temps de vie (M/L, quantité de combustible/consommation) est quant à lui proportionnel au cube de la masse.

De manière lapidaire :

$R \sim M$
$E \sim 1/R$
$T \sim E$
$T \sim 1/M$
$L \sim R^2 T^4 \sim M^{-2}$
$\tau \sim L/M \sim M^3$

Ces relations de proportionnalité sont suffisantes pour notre propos, mais pour les aficionados, les relations exactes, qui permettent des applications numériques se trouvent dans les articles de référence.

Pour ceux qui exigent des chiffres, cependant, nous répétons qu'un trou noir de la masse du Soleil a un rayon de 3 kilomètres. Mais l'étalon véritable, sans conteste, est donné par le trou noir de Planck (le plus petit du monde).

Mensurations du trou noir de Planck

Taille : 10^{-33} centimètre
Masse : 10^{-5} gramme (10^{19} GeV)
Température : 10^{32} degrés Kelvin
Durée de vie : 10^{-43} seconde

Comment a-t-on obtenu ces nombres ? Rien de sorcier : afin de couturer la relativité générale et la théorie quantique des champs, on égale deux longueurs, l'une quantique, l'autre gravitationnelle (relativiste au sens de la relativité générale). Bref on égale la longueur de Compton au rayon de Schwarzschild qui valent respectivement h/mc et $2\,Gm/c^2$. On en retire m, la masse de Planck. À partir de m, on déduit la température, le temps et la longueur éponymes en jouant sur le clavier de correspondance entre ces différents concepts physiques.

Faites-moi la grâce de retenir les nombres suivants : la longueur de Planck vaut 10^{-33} centimètre et le temps de Planck vaut 10^{-43} seconde (ceci dans un espace-temps à quatre dimensions). Ce seront désormais nos unités de longueur et de temps. À partir de ces chiffres, on peut déduire les propriétés des trous noirs de masses variées.

Calculons par exemple les caractéristiques d'un trou noir qui, formé dans le big-bang, aurait une durée de vie égale à l'âge de l'Univers (à savoir 13,7 milliards d'années). Déterminer sa masse (sachant que $\tau \sim M^3$) est un jeu d'enfant : elle est proportionnelle à la racine cubique du temps de vie. Sachant que la durée de l'existence d'un trou noir de 10^{-5} gramme est de 10^{-43} seconde, quelle est la masse d'un trou noir qui s'évapore au bout de 13,7 milliards d'années ? On trouve 10^{15} grammes (une montagne). Quelle est sa température ? Le résultat n'est pas pour nous déplaire : quelques dizaines de MeV ! On se réjouit dans le cénacle des astronomes de l'invisible : les trous noirs qui expirent aujourd'hui émettent des rayons gamma. Cherchons ces derniers soupirs dans le ciel avec nos télescopes satellisés !

Cette démystification, aussi incisive soit-elle, ne doit cependant pas nous monter à la tête, car l'intérieur du trou noir reste plus obscur que jamais. Que s'y trame-t-il ? L'espace-temps y est si tortueux et torturé que le temps se fait spatial et l'espace temporel, dit-on. Oh les beaux jours !

CHAPITRE 3

CHRONOGÉOMÉTRIE DU TROU NOIR MUET

RELATIVITÉ DROITE ET COURTE

Les privilèges de l'inertie

La relativité restreinte (RR) est exclusivement concernée par ce qu'on appelle des référentiels « inertiels », c'est-à-dire en mouvement linéaire à vitesse constante les uns par rapport aux autres. Si deux observateurs sont en mouvement accéléré, ils ne sont pas à vitesse constante ; et s'ils sont en rotation l'un autour de l'autre, leur mouvement n'est pas linéaire ; ils ne sont donc pas inertiels. Einstein a d'abord développé la relativité restreinte, ignorant les changements de vitesse et de direction, puis la relativité générale (RG), qui prend en compte l'accélération. Nous allons en cavalcade parcourir le plat pays de la RR. Ce sera un galop d'essai avant de nous lancer sur les longues routes qui serpentent dans les reliefs de la RG. Là, l'esprit de finesse trouvera sa pleine mesure géométrique. « Les géomètres qui ne sont que géomètres, écrivait Pascal, ont l'esprit droit, mais pourvu qu'on leur explique bien toutes choses par définitions et principes ; autrement, ils sont faux et insupportables, car ils ne sont droits que sur les principes bien éclaircis. » Or, « dans les choses de finesse, les principes sont en grand nombre, l'omission d'un seul mène à l'erreur et ils sont trop déliés pour qu'on puisse les palper et les manier de façon géométrique ».

La relativité dite restreinte est encore trop charnue à notre goût, nous allons l'étriquer à son arête conceptuelle, la « métriquer », si j'ose dire, c'est-à-dire la résumer à sa métrique. Dans ce chapitre, nous allons faire des exercices de haute voltige dans le cirque abstrait de l'espace-temps à quatre dimensions, faire nos premières acrobaties dans des espaces-temps à cinq dimensions et plus, et jongler avec les diverses géométries.

Invariance et objectivité

Le terme de relativité restreinte est trompeur, il y a de l'absolu dans cette relativité-là, et cet absolu est la vitesse de la lumière, absolu signifiant indépendant de l'observateur. Tous les observateurs inertiels mesurent la même vitesse de la lumière. Tel est le plexus de la relativité. Les distorsions relatives de l'espace et du temps sont des nécessités absolues si l'on veut qu'Alice et Béatrice, deux observatrices inertielles, mesurent la même vitesse de la lumière. Elles peuvent être exprimées numériquement au moyen des transformations de Lorentz.

Si votre désir d'absolu persiste, vous adorerez l'*espace-temps* : la relativité stipule qu'une certaine combinaison de longueur (l) et de temps (t), mâtinée de vitesse de la lumière ($ds^2 = c^2dt^2 - dl^2$) peut être qualifiée d'objective (absolue) dans la mesure où elle prend même valeur pour tous les observateurs inertiels[1].

En vérité, bien qu'Einstein ait abouti à la conclusion que les mesures d'espace et de temps peuvent avoir séparément des valeurs différentes dans des référentiels inertiels disjoints, Minkowski, son professeur de mathématiques, considérant l'espace et le temps de conserve, découvrit un invariant très précieux. L'intervalle d'espace-temps entre deux événements, défini, sous forme différentielle, par[2] $ds^2 = c^2dt^2 - dl^2$, préserve sa valeur dans tous les référentiels inertiels, ce qui en fait tout le prix. Les invariants sont en effet si précieux que certains avancent que la physique se réduit à leur recherche, car ce sont les symboles même de l'objectivité.

L'intervalle d'espace-temps est l'invariant-roi de la relativité restreinte, tout comme la longueur est celui de la mécanique de Newton. Cette découverte a revêtu une importance capitale dans le développement ultérieur non seulement de cette discipline, mais aussi de la relativité générale.

Ainsi, deux observateurs emportés à des vitesses (constantes) différentes ne seront pas d'accord sur la durée d'un quelconque événement (on parle de dilatation relativiste du temps), mais ils le seront sur l'intervalle spatio-temporel : quand ils calculeront le carré de la séparation temporelle c^2dt^2 moins le carré de la séparation spatiale, somme lui-même de trois carrés ($dl^2 = dx^2 + dy^2 + dz^2$), ils trouveront objectivement le même chiffre, promu au rang d'absolu. On appelle pourtant cela la théorie de la relativité ! Tout le

---

1. Le petit d qui précède s ou plus généralement tout symbole signifie différentielle, petite différence.

2. On voit aussi écrit $ds^2 = dl^2 - c^2dt^2$, dt est l'intervalle de temps et dl celui d'espace ($dl^2 = dx^2 + dy^2 + dz^2$), ou si l'on préfère de longueur.

sel de la relativité, concentré dans ce moins, est son... absolutisme.

Cinématique et dynamique

La cinématique est la théorie du mouvement pur, elle ne s'occupe que de longueurs, de durées, de vitesses et d'accélérations. Elle n'est concernée que par les coordonnées d'espace et de temps de particules abstraites (sans structure) et non pas par les forces, l'énergie et la quantité de mouvement (impulsion) qu'elle cède à la dynamique.

Énergie, impulsion et masse d'une particule libre

Des observateurs animés de mouvements variés mesurent des longueurs et des durées différentes. Les intervalles de temps (t) et d'espace (l) changent, en effet, avec la vitesse d'entraînement, mais non pas la combinaison $c^2dt^2 - dl^2$. De même, l'énergie (E) et l'impulsion (P) changent avec la vitesse, mais non pas la combinaison $E^2 - P^2$, ceci en raison de la solidarité profonde entre *énergie* et *temps*, d'un côté, et *impulsion* et *espace* de l'autre[3]. L'*invariant relativiste* est ici la masse, ou plus exactement son carré.

Condamnation à vol

Pour la lumière $v = c$, ce qui implique que $ds^2 = 0$, et par conséquent $M^2 = 0$. Les particules de masse nulle sont condamnées à voler éternellement à la vitesse de la

---

3. Le lien profond qui unit espace et impulsion d'un côté et énergie et temps de l'autre est partie intégrante de la mécanique. Pour le comprendre, il faut faire usage de la force (si j'ose dire). La force en effet est à la fois (au signe près) la dérivée par rapport à une coordonnée d'espace de l'énergie (potentielle) et celle de l'impulsion par rapport au temps. $f = - dE/dx = dp/dt$. D'où $- dE.dt = dp.dx$.

lumière, et inversement. Observer un photon, le stopper totalement, c'est littéralement le faire disparaître. Qui a dit qu'observer, c'est tuer ?

La métrique sera notre leitmotiv. Nous allons prendre un soin particulier à apprendre à en jouer, pour mieux goûter la prodigieuse musique de Schwarzschild, grand orchestrateur de trous noirs dans l'intense brouhaha de la salle de concerts du ciel.

Métrique et intervalle

La quintessence de la relativité, assurément, c'est la métrique. Qu'est-ce donc que cet oiseau-là ? Par définition, c'est ce qui nous permet de calculer les petits sauts dans l'espace-temps. Intervalle et métrique sont donc synonymes, et ds est leur symbole.

Au commencement de toute physique est la géométrie d'Euclide, nous allons l'étendre immédiatement à un nombre quelconque de dimensions, ceci nous sera utile par la suite.

Un espace est simplement une collection de points. Quelle est la distance d'un point à un autre ? La métrique permet de répondre à cette question par un chiffre. C'est un petit instrument de calcul de longueur, une équation qui délivre un *nombre* (réel).

Métrique grecque : par Euclide et Pythagore

Raisonnons pour commencer à 1D ; le temps est un bon exemple de paramètre unidimensionnel. Il est figuré comme circulant en un seul sens sur une ligne droite, l'axe des temps. Dans l'espace euclidien (sans courbure), la distance entre deux points est la longueur du segment de droite qui les relie. Celle-ci est traditionnellement calculée en termes de coordonnées, repérées par rapport à un zéro de convention.

La métrique naturelle dans un espace euclidien à une dimension, est la différence numérique entre les coordonnées temporelles de ces deux points. Par exemple, la durée de 5 à 7 est de deux heures. Plus généralement, dans un système de coordonnées où les axes sont perpendiculaires, la procédure générale de détermination des distances comporte quatre étapes : 1. pour chaque dimension, faire la différence des coordonnées entre les deux points ; 2. la porter au carré ; 3. faire la somme des carrés ; 4. en prendre la racine carrée.

Procédons comme convenu, en 1, 2, 3… dimensions :

Prenant un point comme origine des coordonnées

1d : $l^2 = x^2$

2d : $l^2 = $ ……… $+ (y)^2$

3d : $l^2 = $ …………………$+ (z)^2$

La longueur 3d d'un manche à balai est, par Euclide et Pythagore, racine de $l^2 = x^2 + y^2 + z^2$. Mais nous pouvons, à notre guise, élargir la procédure du Grec au cas de quatre dimensions d'espace et même davantage ; nous ne faisons qu'allonger la sauce.

4d : $l^2 = $ ………………………………$+ (w)^2$

5d : $l^2 = $ ………………………………………$+ (v)^2$

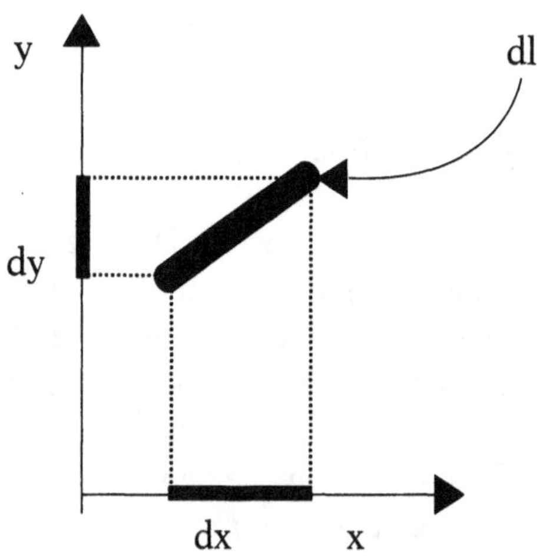

Métrique du temps-espace

Le pur espace est d'une simplicité enfantine. Embrassons maintenant temps-espace dans toute sa splendeur. Quelle est la métrique appropriée à cet échafaudage 4D ? C'est celle de Minkowski, assurément, nous allons l'ouvrir comme une noix.

Temps distingué

L'objet mathématique qu'est la métrique $ds^2 = c^2dt^2 - dl^2$ laisse apparaître nettement une partie temporelle et une partie spatiale. Notez que la distinction entre espace et temps est maintenue par le fait que le terme spatial est précédé par le signe moins. Le théorème de Pythagore prend une forme inusitée : le carré de l'hypoténuse est égal au carré d'un côté moins le carré de l'autre. Ce signe moins peut sembler étonnant, mais c'est le secret des différences des manifestations de l'espace et du temps dans la nature.

Fausse métrique

On serait tenté d'écrire tout naturellement $ds^2 = c^2dt^2 + dl^2$ mais cette expression ne correspondrait à rien d'objectif. À partir des mesures de longueur et de temps d'un observateur, une valeur serait obtenue, pour un autre observateur, c'en serait une autre. Mais si s est défini par l'expression $ds^2 = c^2dt^2 - dl^2$, tous les observateurs trouvent ce même résultat.

Sanctification du moins

Si l'on voulait légitimer ce signe moins, on n'aurait qu'à faire venir la lumière. La distance parcourue à la vitesse c est égale à celle-ci multipliée par le temps de vol : $l = ct$. Élevons au carré, il vient : $l^2 = c^2t^2$. D'où $c^2t^2 - l^2 = 0$. Telle est l'équation spatio-temporelle (la métrique) de la lumière.

L'une des caractéristiques les plus avantageuses de cette métrique-là, à laquelle est attaché le nom de Minkowski, est donc que la valeur numérique affichée par l'intervalle n'est pas affectée par le changement de système de coordonnées, à condition, toutefois, que le nouveau référentiel ne soit pas accéléré par rapport à l'ancien.

Retour sur l'invariant relativiste 4D

Euphorique, Minkowski lança à la cantonade : « Désormais, l'espace par lui-même, et le temps, par lui-même, ne sont que des ombres et seul leur mélange existe de son plein droit. » L'annonce de notre mort, protestèrent l'espace et le temps d'une seule voix, est quelque peu exagérée. Mais sa découverte allait nous permettre d'utiliser commodément l'intervalle de temps-espace, $c^2dt^2 - dl^2$, en lieu et place du théorème de Pythagore pour estimer les « distances » dans la géométrie particulière (pseudo-euclidienne) de la relativité restreinte. Il avait fait sortir de l'ombre l'invariant-roi de la RR, l'équivalent de la longueur en géométrie ordinaire.

Quelle en est la signification ? Considérons un objet 3D, disons un bout de bois. Il projette sur le mur une ombre qui dépend de son orientation par rapport à la lumière qui l'éclaire. Si nous faisons tourner le bâton sur lui-même, la longueur de l'ombre change, mais celle du bâton reste bien sûr constante. De manière analogue, nous pouvons considérer un objet dans l'espace-temps 4D. Tous les observateurs inertiels seront d'accord pour dire que cet objet a la même « longueur » dans l'espace-temps. Cependant divers observateurs verront des « ombres » 3D de différentes longueurs. Cet illusionnisme perspectif peut facilement s'étendre à des espaces-temps à 5D et plus.

Relativité restreinte en 5D (vision spatio-temporelle)

Imaginons une quatrième dimension spatiale, w, s'ajoutant aux x, y, z du trièdre de référence. Par analogie avec la situation précédente, la longueur du bâton 5D reste constante, à la différence de la longueur de l'« ombre » 4D. La longueur 5D est donc le nouvel invariant relativiste : elle ne dépend pas de la vitesse des observateurs inertiels. La combinaison de temps et d'espace qui représente l'invariant s'est allongée d'un membre. Développée complètement, elle occupe maintenant une bonne partie de la page : $ds^2 = c^2dt^2 - (dw^2 + dx^2 + dy^2 + dz^2)$, mais elle n'a rien de bien effrayant. En géométrie euclidienne, nous utilisons le théorème de Pythagore pour exprimer la distance $dl^2 = dx^2 + dy^2 + dz^2$, en relativité restreinte 4D, la métrique de Minkowski est $ds^2 = c^2dt^2 - dl^2$ et en relativité restreinte 5D, c'est une métrique à 5 éléments. L'invariant augmente ainsi de grade.

Invariants spatio-temporel en 3, 4 et 5 dimensions

	3D	4D	5D
Invariant	$dl^2 = dx^2 + dy^2 + dz^2$	$ds^2 = c^2dt^2 - dl^2$	$ds^2 = c^2dt^2 - dl^2 - dw^2$

Un bref examen des métriques 4D et 5D, révèle que si une particule est de masse nulle en 5D ($ds^2 = 0$), sa vitesse, dans l'espace 4D, dl/dt, sera nécessairement inférieure à celle de la lumière, tout comme si elle était massive. L'addition d'une coordonnée temporelle, suscite, au contraire un mouvement supraluminique qui suscite l'horreur d'Einstein et les apories du retour dans le temps. Par respect à la fois pour le grand homme et notre sommeil nous ferons tout pour l'éviter.

Relativité restreinte en 5D (vision dynamique)

Lorsqu'on se souvient du lien de complicité qui relie l'espace à l'impulsion[4] et le temps à l'énergie, on est enclin à traduire l'invariant géométrique ds^2 en invariant dynamique M^2, où M signifie masse.

$\text{Masse}^2\,(4D) = E^2 - P^2$	$ds^2\,(4D) = c^2dt^2 - dl^2$

par analogie avec

$\text{Masse}^2\,(5D) = E^2 - P^2 - p^2$	$ds^2\,(5D) = c^2dt^2 - dl^2 - dw^2$

---

4. L'addition d'une coordonnée d'espace a pour effet un ralentissement du photon ou du graviton de masse (au repos) nulle.

Démonstration : $c^2dt^2 = dl^2 + dw^2$, divisons par c^2 et réarrangeons, il vient : $dl^2/dt^2 = c^2 - dw^2/dt^2$, par conséquent, dl/dt < c.

L'addition d'une dimension de genre temps, inversement, conduit à une vitesse supérieure à celle de la lumière. On ne crie pas « au feu », mais « au tachyon ». On le démontre tout aussi facilement : imaginons que nous ajoutions une seconde coordonnée d'espace, dt' (l'énergie devient un vecteur à deux composante), l'invariant s'écrit alors $ds^2 = c^2(dt'^2 + dt^2) - dl^2$. On peut s'assurer facilement que dl/dt, la vitesse dans notre espace familier, est supérieure à c.

L'impulsion est un vecteur dont le nombre de composantes est 3 (dans un espace 3D), tel que $P^2 = p_x^2 + p_y^2 + p_z^2$. Dans un espace 4D (un espace-temps 5D), elle acquiert une composante supplémentaire, notée p.

Supposons que l'invariance de Lorentz s'applique dans un espace-temps 5D et prenons une masse 5D nulle, il vient $E^2 - P^2 = p^2$. Nous reconnaissons dans le premier membre de l'équation le carré de la masse 4D. Celui-ci est non nul car égal à p^2! Ceci pour une dimension spatiale droite de plus, mais le cas peut être généralisé à plusieurs[5].

Morale : *Si la relativité restreinte, dont on ne doute pas qu'elle soit « vraie » à 4D, s'applique à tous nombres de dimensions, une particule de masse nulle dans le super-espace à 5, 6, 7... D se manifeste comme une particule massive en 4D, toute aussi « réelle » que n'importe quelle autre[6].*

Nous verrons que si une quelconque dimension supplémentaire se referme sur elle-même, la particule de masse nulle fait des petits, ou plutôt des gros. Alerte ! L'espace des petits oiseaux est parcouru par de lourdes escadrilles de particules de Kaluza-Klein. Le radar de la physique est mis au défi de les débusquer.

---

5. La théorie des branes suppose, en effet, qu'il existe des dimensions cachées (enroulées) d'espace. Peut-on conjecturer qu'il en existe également une ou plusieurs de temps cachées ? Existe-t-il d'autres temps, d'autres dimensions temporelles, en dehors de celle que nous percevons ? Le problème de l'altérité temporelle se pose dans des termes nouveaux.

6. Sa vitesse est donc inférieure à c, ce qui corrobore ce qui a été dit plus haut.

RELATIVITÉ 4D CAMBRÉE

La gravité démocratique

Pendant que nous montons la rampe vers la perle transcendante, il n'est pas inutile d'expliquer les lacis de la relativité générale dans lesquels nous allons mettre les pieds.

L'essence de la relativité générale est la déclaration de l'arbitraire du choix des coordonnées, y compris le temps. Les coordonnées spatiales peuvent être choisies à la commodité (pour ne pas dire à la fantaisie) de chacun, et pareillement le temps, puisque espace et temps ont des statuts épistémologiques équivalents. Le caractère arbitraire du choix du temps, à son tour, a des conséquences sur l'énergie, et notamment son signe, car comme on le sait ce sont des concepts solidaires... Mais n'allons pas trop vite en besogne...

Le point de départ de tout exposé sur le trou noir est la description physico-mathématique que Newton a donnée de la gravité. Une chose qu'il savait d'elle, excellente au demeurant, est ce que nous appelons aujourd'hui le *principe d'équivalence*, mais il ne pouvait l'expliquer.

La masse[7] intervient dans deux phénomènes physiques distincts, *a priori* sans rapport :

i) l'inertie, c'est-à-dire la résistance que les corps opposent à tout changement de mouvement (vitesse ou direction). La masse qui caractérise cette tendance est définie par la seconde loi de Newton $f = m_i a$, où a est l'accélération ;

ii) la gravitation universelle, c'est-à-dire l'attrait de la matière pour la matière. Comme l'a découvert le même

---

7. À ne pas confondre avec le poids (qui est une force : *mg*). Pourtant, la mesure de la masse s'appelle le pesage et non le massage.

Newton, deux objets quelconques exercent l'un sur l'autre une force d'attraction proportionnelle au produit de leur masse gravitationnelle et à l'inverse du carré de leur distance.

Constituant deux propriétés de la matière, les deux formes de masses semblent n'avoir aucun lien entre elles. Cependant, toutes les expériences semblaient montrer que l'accélération en chute libre est la même pour tous les corps, suscitant l'hypothèse que la masse inerte et la masse gravitationnelle ne représentent en fait qu'une seule et même chose. Newton les a donc égalées, obtenant ainsi même accélération $= GM/R^2$ *pour tous les corps* dans leur chute. Et il a vérifié le bien-fondé de cette opération au moyen de pendules de fer, de bois et de sureau.

Le principe d'équivalence des masses inerte et gravitationnelle allait jouer un rôle essentiel dans le développement historique de la relativité générale. En 1907, Einstein eut l'idée la plus heureuse de sa vie. « Le mouvement dans un référentiel accéléré ne peut être distingué du mouvement dans un champ gravitationnel uniforme. » En d'autres termes, il a supposé que l'accélération gravitationnelle est équivalente à l'accélération inertielle. En utilisant le principe d'équivalence, il a pu étendre le principe de relativité aux référentiels non inertiels. Il a montré que les lois de la physique qui décrivent l'accélération peuvent être également utilisées pour retracer le mouvement dû à la gravitation, ce qui fait de cette dernière un phénomène essentiellement cinématique impliquant une modification des coordonnées d'espace et de temps au voisinage de la source des champs de gravitation.

L'universalité de la chute libre[8] tenait au fait que les objets dégagés de toutes les contraintes (donc en mouvement

---

8. La chute libre est un mouvement accéléré sous le seul effet de la pesanteur. Un exemple en est donné par un ascenseur dont on aurait coupé le câble de suspension.

Inertiel[9]), sans distinction de masse, forme, composition ou couleur, faisaient roue libre dans les descentes de l'espace-temps. Le triomphe incontestable de la RG d'Einstein est non seulement l'explication automatique de l'égalité des masses inertielle et gravitationnelle, inexpliquée par Newton, mais également l'élimination de l'action instantanée à distance qui grevait sa théorie de la gravitation.

L'espace en pente douce

La manifestation la plus commune de la gravité est que lorsqu'on jette une pierre en l'air, elle retombe. Usuellement, on assigne ce mouvement à une *force* appelée gravité qui agit sur l'objet et le tire vers le centre de la Terre. Le point crucial est qu'il existe une autre manière de décrire le phénomène sans avoir recours à une quelconque force. La gravité n'est pas à proprement parler une force, au sens brutal du terme, car on peut l'éliminer, nous en voulons pour preuve la chute libre et l'« impesanteur » qui en résulte. Elle peut être conçue de manière purement géométrique.

La droiture n'a pas le monopole de la vertu. L'écart au parallélisme des trajectoires se manifeste par le fait que deux corps en chute libre lâchés à une certaine hauteur, séparés d'une certaine distance, se rapprochent l'un de l'autre.

Passer de la RR à la RG, c'est comme troquer la feuille de cahier contre le globe. Sur une mappemonde, en suivant d'un doigt de la main droite et d'un doigt de la main gauche deux méridiens partant de l'équateur, on les voit se rapprocher comme attirés l'un par l'autre. Pareillement, ce que la plupart des gens depuis Newton s'échinent lourde-

---

9. Inertiel est écrit avec un grand I pour le distinguer d'inertiel dans le sens de la relativité restreinte, c'est-à-dire animé d'un mouvement linéaire à vitesse constante. Inertiel signifie sujet à la seule gravitation, qui en l'occurrence n'est plus une force. Inertiel conserve donc le sens originel : soumis à *aucune* force.

ment à nommer pesanteur, Einstein, le transcende en galbe de l'espace-temps. L'attrait de la matière pour la matière n'est plus « forcé », induit par une force appelée gravitationnelle, mais c'est la douce tendance qu'a la matière à suivre les lignes naturelles de la géométrie, à se blottir au creux de l'oreiller de l'espace-temps.

Théorie de la paresse

Un objet en chute libre ne doit plus être regardé comme tiré à soi par un autre, mais simplement comme se laissant glisser paresseusement, sans opposer la moindre résistance, sur le chemin le moins fatigant dans l'espace-temps, au gré de sa topographie, de ses creux et de ses bosses. La gravitation s'est faite géométrie ou si l'on préfère elle s'est coulée, rivière, dans la géométrie de l'espace-temps.

S'il n'y avait pas de champ gravitationnel, les trajectoires des objets seraient de simples lignes droites. S'appuyant sur ce fait, Einstein a postulé que les trajectoires d'élection sont des petits bouts de droites qui changent de direction au fil du mouvement de la particule dans l'espace-temps courbe. Pour des champs gravitationnels faibles et des objets se mouvant à petite vitesse, la théorie d'Einstein se réduit à celle de Newton. La relativité générale nous enseigne que cet espace, même s'il nous paraît plat (comme la Terre pour qui y marche dessus), n'obéit pas *exactement* à la géométrie euclidienne. Raffinement donc, et inclusion du charme sinueux, par rapport à l'espace mal dégrossi. L'écart à la platitude, ici-bas, sur la Terre, est extrêmement faible, mais suffisant pour expliquer le retard du périhélie de Mercure, la déviation des rayons lumineux par des champs gravitationnels intenses et le *redshift* gravitationnel, mais il est plus accusé près des astres denses (étoiles à neutrons et trous noirs), là l'espace prend une pente vertigineuse, et l'accident menace.

Vision bucolique de la relativité générale

Tel un projectile, lorsque la lumière frôle un objet massif, sa trajectoire s'incline vers lui comme pour lui faire sa révérence. Y a-t-il servilité ? Tout au contraire, il y a liberté. La lumière suit la pente naturelle de la géométrie, elle avance droit avec les courbes, tout comme le Gers dans son lit. Une rivière coule au bas du village, jetez-y une fleur, elle flotte au fil de l'eau. Le courant fait un coude, la fleur également. Une force agit-elle sur la fleur ? Que nenni. Ce qui n'empêche pas sa trajectoire de se courber, sous l'insistance de la rivière. Dans quoi la lumière flotte-t-elle ? Dans l'espace, bien entendu. Qu'à cela ne tienne, Courbons donc l'espace ! Pourquoi ne pas imaginer que la gravité courbe l'espace autour des objets massifs, et que les photons se propagent (flottent) librement dans l'espace ainsi courbé ? Nous sommes parvenus à une nouvelle théorie où la gravité est décrite simplement, sans autre forme de procès, comme une propriété de la géométrie de l'espace-temps. Cette théorie n'est autre que la relativité générale. La gravité se distingue de toutes les autres forces par le trait remarquable qu'elle imprègne l'espace-temps de sa propre dynamique. Elle cesse, de ce fait, d'être une force externe... Et plus forte est la gravité, plus forte est la courbure. Comme le champ gravitationnel devient de plus en plus intense, en confinant des masses toujours plus élevées dans des rayons toujours plus petits, il est concevable que l'espace se courbe au point où la lumière ne puisse s'échapper, mais se mette en orbite autour du corps massif : au secours, un trou noir !

Métrique et matière

Plus formellement, la RG repose sur deux postulats :

1. Le principe de relativité étendu à tous les repères : les lois de la physique sont les mêmes dans tous les référentiels, même non inertiels.

2. Le principe d'équivalence : le mouvement accéléré et le mouvement dans un champ gravitationnel uniforme sont équivalents.

La RG est une théorie purement géométrique. La gravité n'y est pas traitée en tant que force, la cause de l'accélération gravitationnelle est imputée à la courbure de l'espace-temps. La cause de la courbure, du cintrage, de l'anamorphose de l'espace-temps est la présence de matière, d'énergie et de pression. Les propriétés métriques de l'espace-temps sont affectées par la présence de la matière/énergie dans celui-là. La RG permet de préciser la manière dont la métrique est façonnée par la matière. Il n'y a pas de plus belle illustration de la dialectique entre contenant et contenu. Ce n'est que lorsque la relation entre matière et métrique est explicitement établie que l'on peut définir localement les unités de longueur et de temps. En présence d'accélération (qu'elle soit gravitationnelle ou centrifuge), la formule de la métrique devient naturellement plus complexe que celle que l'on utilise dans les espaces d'Euclide ou de Minkowski.

Notez, je vous prie, que dans les équations de la relativité générale, l'espace et le temps sont connectés (se donnent le bras) mais ils ne sont pas sur un pied d'égalité.

Primauté de la métrique

Le concept de corps rigide est exclu par les deux relativités :

1. La relativité restreinte, car il sous-entend des actions causales instantanées à distance, honnies par Einstein.

2. La relativité générale, car la longueur de règle doit être véritablement infinitésimale pour ne point être déformées par les forces de marée.

La RR nous avait étonnés par ses bizarreries. La RG n'est pas en reste. Elle rend les montres élastiques, chewing-gum. Ainsi la gravitation rend vain l'arpentage et le chronométrage en tordant les instruments de mesure de l'espace et du temps, mètre pliant et chronomètre. Si on ne peut garantir la fixité du mètre étalon et de la seconde, il devient difficile de faire reposer la théorie sur les mesures d'espace et de temps. Mais les mètres et chronomètres, dira-t-on, sont choses beaucoup trop compliquées. Il est plus pertinent de se fier à la métrique dans la région qui entoure chaque observateur, laquelle peut être déterminée empiriquement à partir des objets en chute libre, idéalement des petits corps tests de masse négligeable sans aucune charge électrique et donc des rayons lumineux.

Souplesse de gaz

Le Soleil tire sa longévité de sa souplesse gazeuse. Pareillement, le grand astre de la théorie physique, la relativité. La RR fit de c un facteur de conversion entre le temps et l'espace. L'espace-temps 4D déploya ses ailes ! Mais sa géométrie était rigide et fixée *a priori* : la locution « cadre imposé » prend ici son sens le plus littéral. L'intuition visionnaire d'Einstein le poussa très tôt à réaliser le danger inhérent à une géométrie déterminée par la seule dynamique (une géométrie forcée) : comment pourrions-nous être sûrs, se demandait-il, qu'elle soit causale ? Il exorcisait ainsi l'horreur d'un mauvais espace-temps qui permettrait le retour dans le passé.

Déclaration d'indépendance

La raideur, décidément, ne sied pas à la physique fondamentale. Souple, l'élastique et acrobatique RG ne l'est encore pas assez. La RG classique demande à être dulcifiée. Quel autre édulcorant que la physique quantique ? Mais celui-ci est encore trop raide, il convient de l'adoucir à son tour et de la soumettre à une cure d'assouplissement spirituel. La déclaration d'indépendance de la théorie et sa libération de tout cadre spatio-temporel imposé sont aujourd'hui les mots d'ordre des relativistes généraux de tous crins, alors que la théorie quantique des champs reste attachée à son cadre rigide. Telle est la source du schisme actuel entre les géomètres et les matérialistes.

Souplesse de marbre

Einstein aimait à se représenter son équation comme un temple. L'aile gauche étant faite de marbre fin et l'aile droite de bois brut. On est surpris que la ductile géométrie souple et nuageuse prenne l'image du marbre du tombeau. Mais sa métaphore ne visait qu'à déprécier la matière. Cette tendance idéaliste qui perdure depuis Platon et prospère dans le christianisme n'a fait que s'amplifier. Elle résonne encore dans les orgues de la gravité quantique à boucles. Les sanctificateurs de la géométrie mésestiment, en général, la matière.

Les fourberies de la courbure

Selon la RG, la métrique est invariante, indépendante du référentiel. Nous pouvons l'utiliser pour calculer l'intervalle entre deux événements dans n'importe quel référentiel, quels que soient son mouvement et l'accélération. La valeur de ds n'est pas modifiée, alors que les coefficients de la métrique naturellement le sont.

En RG, une expression mathématique (un tenseur, sorte de « supervecteur ») représente la courbure et une autre la matière (énergie et pression). Symboliquement, et sous forme on ne peut plus compacte : G = M. (G = M est la manière dont la RG mathématise la relation entre la « courbure de l'espace-temps » et la « matière-énergie-pression ».)

Cette équation exprime le rapport dialectique entre la géométrie (gravité) et la matière, le contenant et le contenu. La matière dicte à l'espace-temps sa géométrie et la géométrie (courbure) dicte à la matière son mouvement. Cette équation est le résultat le plus important de la RG et elle peut être utilisée pour construire des modèles mathématiques d'univers, d'étoiles compactes et de trous noirs. La métrique qui en résulte décrit la géométrie de l'espace-temps que l'on modélise. Des hypothèses simplificatrices permettent d'annuler certains coefficients. Dans le cas le plus simple, celle de l'espace-temps plat (pas d'accélération ou de champ gravitationnel), la métrique se réduit à celles de Minkowski. Quand les méthodes de la RG sont appliquées à l'espace-temps courbe (tel qu'on le rencontre à l'intérieur ou à la proximité d'un objet massif), le résultat est une métrique plus complexe, comme nous n'allons pas tarder à le voir lorsque nous étudierons la métrique de Schwarzschild, grand rhapsode de trous noirs.

Trou noir et fin des temps

La vitesse de la lumière s'approche de zéro près de l'horizon, et cela par rapport à un observateur lointain, avons-nous dit. Ce qui signifie qu'il ne pourra jamais voir un congénère tombant dans le trou atteindre et à plus forte raison traverser l'horizon. La lumière émise par Alice ralentit et est « redshiftée ». Mais Alice traverse en réalité l'horizon. Nous verrons que la singularité à r = 2M n'est qu'artificielle, puisqu'on peut l'effacer par un choix judicieux de coordonnées. Ce n'est pas une singularité réelle, une fin des temps. En utilisant des coordonnées adéquates, on peut montrer qu'Alice passe de l'horizon au centre du trou noir (de r > 2M à r = 0) en un temps fini (son temps propre, ou intervalle le long de sa ligne d'univers) et calculable. 57 secondes suffisent à parcourir la distance qui sépare l'horizon du trou noir supermassif[10] (3,6 millions de masses solaires) qui gît au centre de la Voie lactée. Hâte-toi, intrépide Alice, tu disposes de moins d'une minute pour explorer l'un des trous noirs les plus grands !

Incapables de suivre Alice dans sa chute, il nous reste la ressource de la théorie pour aller sonder le cœur et les reins des trous noirs. À des fins narratives et pédagogiques, je convoque ici deux beaux oiseaux de verbe : Alice, la plongeante, et Béatrice, la fixe, pour parler, non pas de chimères mais d'horizons, de vide et de particules virtuelles (qui pour moitié seulement) se réalisent. Je voudrais, par ce biais théâ-

---

10. Les forces de marée sont la différence d'accélération gravitationnelle entre deux points d'un champ de gravitation non uniforme. Pour un trou noir de cette envergure, les forces de marée au niveau de l'horizon ne sont pas dévastatrices. Plus le trou noir est petit (léger), plus le gradient (différence d'accélération ente deux points d'altitude différente) est fort au niveau de l'horizon, parce que la courbure de l'espace-temps y est forte.

tral, faire percevoir la différence de perception qu'induit un changement de référentiel, ou plus exactement le passage d'un référentiel inertiel (non accéléré) à un référentiel accéléré.

MÉTRIQUE RONDE

Métrique de Schwarzschild

Les chapitres précédents, à trous noirs directs et brutaux dans leur feinte limpidité, faisaient l'économie de la grâce sinueuse de la relativité générale. Dans ce qui suit, nous allons étudier les propriétés de la métrique induite par la présence d'une étoile sphérique de masse M esseulée dans le vide, c'est-à-dire la déformation de l'espace-temps qu'elle produit tout autour d'elle. Supposons que nous voulions mesurer des intervalles de temps, dt, à la distance r au voisinage de l'étoile. Le champ gravitationnel variant avec la distance de sa source, ces mesures de durée dépendront sans aucun doute de r, en raison de la dilatation gravitationnelle du temps. Supposons également que le champ soit statique pendant notre observation, et donc que les quantités mesurées ne dépendent pas de t.

L'espace-temps est courbé par l'étoile en son voisinage et la métrique n'est plus celle de Minkowski, ses parties temporelle (dt) et spatiale (dr) sont maintenant flanquées de coefficients qui dépendent de r. Elle prend la forme $ds^2 = B(r)\ c^2 dt^2 - A(r)\ dr^2$. Les deux termes $A(r)$ et $B(r)$ doivent être estimés en résolvant les équations d'Einstein. La solution exacte a été découverte par Karl Schwarzschild (1873-1916) l'année de sa mort sur le front russe.

Tout le secret du trou noir est dans sa métrique, Foi d'honnête homme, je ne dis pas de physicien, remarquez !

La géométrie de S* est de *symétrie sphérique* et elle est *stationnaire,* du moins vu de l'extérieur : il existe, en effet, une coordonnée du genre temps, t, telle que la métrique est indépendante de *t*. De cette métrique nous ne conserverons que l'arête, c'est-à-dire la partie radiale et de plus nous prendrons *c* égal à 1, pour simplifier encore.

$$ds^2 = (1 - 2M/r)\,dt^2 - (1 - 2M/r)^{-1}\,dr^2$$

Ce sera suffisant pour en déduire les étranges propriétés de l'horizon. Cette forme implique une chronogéométrie surprenante :

1. Lorsque *r* tend vers l'infini, le terme $2M/r$ tend vers zéro et on retrouve la métrique « plate » de Minkowski $ds^2 = dt^2 - dr^2$.

2. Lorsque *r* tend vers 2M, le coefficient de dt^2 tend vers 0 et celui de dr^2 vers l'infini. Cet infini ébranla l'esprit des pères fondateurs et les fit douter de la réalité de la solution de S*. On s'interrogea longtemps pour savoir si la surface singulière était une aberration ou simplement une incongruité artificielle liée à un choix maladroit du système de coordonnées. Il fut démontré que le problème est *mathématique* et non point *physique*. La singularité de surface r = 2M n'est que superficielle : une transformation de coordonnées adéquate suffit à l'éliminer.

3. En faisant $ds^2 = 0$, nous pouvons étudier le comportement d'un rayon de lumière au voisinage de l'horizon. La vitesse d'un rayon lumineux ($ds^2 = 0$), dr/dt, tend vers 0 lorsque *r* tend vers 2M. Sur l'horizon, exactement, un rayon de lumière dirigé vers l'extérieur est pétrifié dans l'espace-temps, car sa vitesse est nulle. Il n'atteindra *jamais* l'observateur extérieur.

4. Pour 0 < r < 2M, ce qui nous transporte à l'intérieur de l'horizon du trou noir, la métrique change de visage. Le signe

moins vient maintenant se fixer à la coordonnée *temporelle*. *L'espace et le temps échangent leur rôle au passage de l'horizon.* La conséquence est gravissime : *la métrique n'est plus statique, stationnaire*, puisqu'elle dépend de r qui est maintenant une coordonnée de connotation temporelle. Avancer dans le temps, c'est avancer *irrésistiblement* dans l'espace, vers la *singularité* centrale : on ne peut tenir en place à l'intérieur d'un trou noir. Rien ne résiste à l'aspirateur qui occupe le centre.

5. Lorsque r tend vers zéro, $2M/r$ tend vers l'infini. Cette fois-ci il s'agit bien d'une singularité physique et non illusoire. Et tout le monde de se couvrir la tête de cendres. Toute la masse du trou noir est rassemblée en un point central, la densité y est infinie. L'espace et le temps s'y abîment. La présence d'une singularité centrale *réelle* dans les solutions des équations du champ d'Einstein suggère que la RG est une théorie incomplète de la gravitation.

Pour résumer, l'horizon est la frontière en deçà de laquelle rôdent toutes sortes de paradoxes. En dessous de lui est un monde étrange dominé par un point central où se concentre toute la masse de l'objet.

Trou noir = singularité + horizon

Pris ensemble, une singularité et un horizon forment un trou noir. Tout ce qui passe l'horizon, y compris l'information, ne peut échapper à l'attraction irrésistible de la singularité centrale où se love toute la masse, pour la raison qu'il faudrait pour ce faire disposer d'une vitesse supérieure à celle de la lumière, ce que proscrit absolument la relativité restreinte.

Un tel système centré n'est pas sans rappeler l'atome, dont le noyau rassemble la plus grande partie de la richesse. Mais, dans le cas atomique, les orbites sont stables. Ici, l'espace lui-même tombe et à vitesse supraluminique de surcroît. C'est pourquoi la lumière, pauvre saumon, ne peut remonter le courant pour émerger à la surface. Bref, l'espace s'effondre et r = 0 marque la fin des temps. La descente dans un trou noir est fondamentalement une expérience de la temporalité.

R = 2M marque une frontière nette, le point où l'espace de stationnaire qu'il était se fait dynamique. La région spatiale r < 2M ne peut communiquer avec l'espace extérieur. C'est la raison pour laquelle on ne peut acquérir de connaissance directe de la région intérieure. Cette région inscrutable est justement appelée trou noir pour la raison que tout peut y tomber mais rien ne peut en sortir. Cette propriété a suscité le doute. Les grands esprits qui ont créé et développé la RG (Einstein, Levi-Civita, Schwarzschild, Hilbert, Weyl, Eddington, Pauli, Fock) l'ont rejetée en bloc. Aujourd'hui, le trou noir est devenu buvable, fors peut-être la singularité qui habite en son milieu.

Dichotomie des observateurs

La métrique de Schwarzschild a des conséquences fascinantes. Voilà la jeune Alice qui s'approche d'un trou noir. Aux yeux de Béatrice, restée dans le lointain, son mouvement semble ralentir. Lorsqu'elle se rapproche de l'horizon jusqu'à le toucher, sa vitesse s'annule et elle s'y s'arrête ! Aucune information ne pourra atteindre Béatrice venant de l'intérieur de l'horizon. La raison en est une infinie langueur affectant les phénomènes au niveau de la surface. Aussi Béatrice voit-elle Alice ralentir, ses gestes se figer et sa lumière se faner. Béatrice ne peut plus recevoir de signaux du fond du trou noir, car les photons capables de s'extraire des griffes du trou noir seraient supraluminiques et auraient donc une énergie négative, ce qui est strictement interdit pour la lumière.

Alice, dans ses coordonnées locales et personnelles, vit le passage dans le trou noir totalement différemment. Elle pénètre à l'intérieur du trou noir sans même s'en rendre compte. La montre à son poignet, mise à zéro alors qu'elle quittait Béatrice, indique un temps fini quand elle perce l'horizon. Une fois celui-ci passé, elle plonge vers le centre qu'elle atteint rapidement[11].

Pour Béatrice, perfection de la science et de la théologie, l'horizon est une sphère à bord net, calme et statique. Pour l'aventureuse Alice, qui s'en rapproche jusqu'à le toucher, il semble fondre sur elle à la vitesse de la lumière[12]. Afin de lui échapper, elle devrait se propager en sens inverse plus vite que celle-ci. Mais ce n'est pas possible. C'est un peu la situation quelle a connue « de l'autre côté du miroir » : elle doit courir aussi vite qu'elle peut pour rester en place[13]. Alice tombe et, en tombant, elle passe l'horizon, sans même s'en rendre compte.

---

11. Bien que le voyage d'Alice soit une pure fiction, nous devrions être capables d'observer des phénomènes comparables dans le ciel au travers des effondrements d'étoiles. Tout comme la plongée d'Alice dans le trou noir, le rétrécissement d'une étoile en deçà du rayon de Schwarzschild semblera à l'observateur extérieur se prolonger un temps infini. Et la lumière toujours plus décalée vers le rouge faiblira progressivement jusqu'à s'éteindre complètement.

12. Ou plutôt Alice, à proximité du trou noir, acquiert une vitesse de chute libre (inverse de la vitesse d'échappement) proche de celle de la lumière.

13. Mais, pour un instant, comme un plongeur au fond d'une eau peu profonde, elle pourra voir des choses à l'extérieur. Que voit donc Alice dans sa chute juste avant la traversée de l'horizon ? Rien de particulièrement intéressant vers l'avant. Mais quand elle porte son regard en arrière ou sur le côté, elle perçoit une étrange déformation de l'image des objets lointains, puisque la gravité du trou noir courbe la trajectoire de la lumière qui parvient à son œil. Elle voit des mirages gravitationnels et rien d'autre. En fait, comme me le souffle Jean-Pierre Luminet, si Alice est savante, elle a calculé à l'avance l'apparence du ciel avec tous les mirages (gravitationnels), tout comme Alain Riazulo. Par ailleurs, une fois passé l'horizon, elle peut théoriquement apercevoir à travers le trou de ver qui s'ouvre au milieu, en lieu et place de la singularité, un autre univers, symétrique au nôtre. Alice par conséquent peut se rendre compte du fait qu'elle a passé l'horizon par le biais de ces effets subtils. Mais je ne me risquerais pas jusque-là.

Une fois qu'elle a pénétré à l'intérieur de l'horizon, elle ouvre les yeux sur un pays paradoxal. L'espace-temps y est si bouleversé que les coordonnées qui les décrivent échangent leur rôle. Faut-il être fou pour confondre l'espace et le temps ! C'est bien ce que commandent les équations physico-mathématiques, en l'occurrence la métrique de Schwarzschild à l'intérieur de l'horizon des trous noirs, que nous avons étalée dans une précédente page. La coordonnée r qui décrit la distance au centre est du genre temps, et t du genre espace. Une conséquence de ceci, je ne me fais point scrupule d'insister, est que les objets ne peuvent acquérir aucune position stable à l'intérieur de l'horizon, puisque r, la coordonnée radiale, ne peut que se réduire aussi inexorablement que pour vous, lecteur, t, le temps passe et grandit sans répit. Vous ne pouvez vous empêcher d'être projeté dans l'avenir. Vous aurez beau courir dans tous les sens, comme un dératé, quelle que soit la direction que vous prendrez, vous ne pourrez éviter votre futur. Alice pourra allumer sa fusée pour fuir, rien n'y fera : vouloir échapper au centre-aspirateur d'espace-temps, une fois qu'on est tombé à l'intérieur d'un trou noir est aussi vain que, pour vous, pauvre mortel, vouloir vous soustraire à mardi prochain, c'est-à-dire au temps et au passage des saisons.

Durée du voyage d'Alice

Le voyage d'Alice a donc un terme dramatique. En fin de compte, elle est condamnée à toucher la singularité ($r = 0$) et à s'y résorber, si bien que la durée de son voyage est (pour elle) finie. Combien de temps durera-t-il ? Tout dépend de la position de départ de notre voyageuse. Disons pour fixer les idées qu'elle part d'un point situé à 10 rayons de Schwarzschild de distance du centre du trou noir. Pour un trou noir de 1 million de masses solaires, l'horizon sera atteint au bout de 8 minutes et 7 secondes, et au terme de ce temps, Alice s'écrasera (sera écrasée) au centre du trou noir. Pour un trou noir d'une masse solaire, ce temps se réduit comme peau de chagrin à un dix millième de seconde. Il est donc faux de dire qu'on ne peut rien dire de la région intérieure d'un trou noir : on peut au moins énoncer le temps qu'il reste à vivre à l'insecte qui y est tombé.

Le temps est bref. La singularité s'annonce : elle n'est plus dans l'espace, mais dans le futur. Quand elle aura passé l'horizon, plus personne ne pourra voir Alice ; elle-même ne pourra plus rien voir du monde extérieur. Rien ne se passe de particulier au moment où elle franchit l'horizon du trou noir, mais bientôt elle se plaint d'un mal de tête, engendré par les forces de marée qui lui brisent le crâne. Tombant les pieds devant, son menton est attiré plus fort que son occiput, et ses pieds plus fort que sa tête, il s'ensuit une sensation désagréable et finalement un écartèlement.

Vision de Béatrice

Béatrice voit les choses de manière totalement différente. Pour l'observatrice lointaine qu'elle est, la gravité du trou noir distord temporellement les phénomènes et les ralentit, si bien que la matière qui tombe sur l'horizon semble s'y éterniser. Plus Alice s'approche de la frontière fatidique, plus ses gestes deviennent lents aux yeux de Béatrice. Jusqu'à se figer totalement. Alice traverse l'horizon, mais le signal de son passage ne préviendra pas Béatrice : Alice est devenue invisible à Béatrice. Le rayonnement émis juste au moment où Alice perce l'horizon devrait stagner là pour toujours et ne jamais parvenir à Alice, comme nous l'avons dit, à de multiples reprises. Attendrait-elle une éternité, Béatrice ne verrait pas Alice sombrer dans le trou noir, du moins en principe. Mais il convient de retracer les événements de manière plus réaliste. Jusqu'ici la discussion était de facture classique. Mais Hawking, l'angelot, souffle son vent de gravité (semi-)quantique, et le discours doit être amendé pour tenir compte de la durée finie de l'existence du trou noir.

Illusion d'optique ou ralentissement du temps ?

Sur son piédestal, Béatrice, la toute divine, se frotte les yeux car elle peut se croire victime d'une illusion d'optique alors que l'intrépide Alice vit littéralement dans un temps élastique. Laquelle des deux est dans le vrai ? La question est d'importance, car elle détermine le caractère réel ou illusoire des phénomènes que nous discutons. Pour Alice, on peut le confirmer, le temps passe réellement plus lentement près de l'horizon que loin de celui-ci. Supposez qu'en visite chez Béatrice, elle prenne sa fusée pour rejoindre le trou noir et se maintienne un instant en suspension juste au-dessus de l'horizon (en brûlant une quantité énorme de combustible pour ne pas y tomber), puis qu'elle reparte pour rejoindre Béatrice. Alice trouvera Béatrice beaucoup plus âgée qu'elle. Le temps aura passé plus vite pour Béatrice que pour Alice.

Des deux explications, quelle est la bonne ? Illusion d'optique ou ralentissement du temps ? La réponse dépend du système de coordonnées adopté pour décrire le trou noir. En fait, juste sur l'horizon, les coordonnées sont infiniment distordues (« singulières »), mais elles peuvent être mathématiquement redressées. Si vous choisissez des coordonnées qui ne sont pas singulières près de l'horizon, alors le temps que cela prend pour passer à travers sera fini. Il est donc permis d'utiliser le système de coordonnées que l'on veut. Les deux explications sont donc valables. Ce ne sont que deux manières de dire la même chose, ce qui ouvre la porte à un nouveau « principe de complémentarité » cher à Leonard Susskind.

Comme nous le verrons dans une pincée de pages, Béatrice (l'accélérée) assigne aux particules « virtuelles » d'Alice (la fixe) une réalité. On ne peut qu'en conclure que la « réalité » est différente pour différents observateurs, en contradiction frontale avec les principes de la relativité classique qui, tout au contraire, proclame qu'elle est indépendante de la position et du mouvement de l'observateur (inertiel).

Singularités, scandale et absurdité.

La RG n'est donc pas une théorie aboutie, car elle réveille en certaines occasions des infinis désastreux. Le « big-bang » et les « trous noirs », métaphores du commencement (incompris) et de la fin (incomprise), sont deux prédictions spectaculaires de la théorie d'Einstein qui partagent une nature exaspérante. Lesdites « singularités », euphémisme d'absurdités, marquent la faillite de la description physique du monde et des phénomènes. Des densités d'énergie infinies viennent obstruer l'analyse. Passé une certaine borne, la prédiction du futur ou la « rétrodiction » du passé ne sont plus possibles. Catastrophe conceptuelle ! Une histoire qui entre dans une singularité s'interrompt ; une histoire qui en sort émerge comme par miracle. Le but de la théorie ultime de la gravité quantique est d'éviter ou tout au moins de tempérer ces singularités. Des signes avant coureurs favorables sont déjà perceptibles. Mais la route sera longue.

Catastrophe finale indifférente

Par bonheur, ce n'est que dans les tout derniers instants (une infime 10^{-43} seconde) qu'abordant les régions de très fortes courbures (d'espace-temps), le discours s'enlise. Pire que la fin des temps, voici venue la fin de la notion classique de temps. Il se fait mirage. L'espace est pris de convulsions. La métrique fluctue comme la langue. Prise dans les affres d'une chronogéométrie délirante, la théorie est victime d'hallucinations. Privée de rose des vents, les caravelles altières de la physique déterministe se perdent dans le brouillard du temps. À l'exclusion de la singularité spatio-temporelle centrale, toutefois, l'image fascinante de l'intérieur des trous noirs, bien que très étrange, dans la mesure où l'espace et le temps échangent leur rôle, est compréhensible et imaginable.

CHAPITRE 4

MÉCANIQUE QUANTIQUE DU TROU NOIR CHANTANT

Après un départ éblouissant, la relativité générale a stagné alors que la physique des particules est entrée dans une période de renaissance. Un courant hostile s'est développé contre la théorie d'Einstein. Ni Bohr, ni Heisenberg, ni Pauli ne s'y sont vraiment aventurés. Max Born écrivit quant à lui que, dès qu'il l'eut comprise, il fit le vœu de ne jamais y travailler. Réciproquement, ni Einstein ni Planck ne sont entrés dans la terre promise de la mécanique quantique.

Il convient toutefois de ne pas exagérer le schisme quantique/relativiste et de nuancer le propos, car d'autres physiciens quantiques de premier rang s'y investirent[1]. Ainsi, tout en restant dans le cadre de la théorie existante des systèmes dynamiques, c'est-à-dire dans l'espace-temps conventionnel, Dirac a inventé une nouvelle méthode pour traiter les problèmes gravitationnels, largement utilisée aujourd'hui en cosmologie quantique. Dans une ère où la

---

1. Notamment Rosenfeld, Heisenberg ou encore Jordan et Klein. Par la suite, Dirac, son disciple Feynman, ainsi que Weeler et DeWitt ont tous à leur manière cherché à marier la gravité à la physique quantique.

géométrie était reine et où elle était considérée comme le seul guide vers les sommets de la RG, l'approche de Dirac a offert un cadre alternatif, commun à toutes les théories quantiques des champs, dans lequel le champ gravitationnel est regardé comme un système dynamique comme un autre (avec ses degrés de liberté, ses conditions limites et ses quantités globalement conservés). Ce rapprochement reste exemplaire, car il prélude aux superthéories (supergravité à 11D et supercordes), que Dirac allait d'ailleurs mésestimer.

Est-ce le sort commun des grands précurseurs (Einstein, Schrödinger, de Broglie, Dirac) que de poser leur bâton de pèlerin et de dénigrer ou de sous-estimer les nouveaux prophètes ? Qu'est-ce qui les fait se confire dans des attitudes conservatrices ? Il y a là matière à méditer.

Dans ce chapitre, nous allons migrer d'un territoire à l'autre, de la belle province de la mécanique quantique aux pays bas de la théorie quantique des champs, pour enfin monter dans les Himalaya de la théorie quantique en espace courbe, où Hawking foudroya l'astre funeste et fit fleurir le trou noir rayonnant.

La mécanique quantique conventionnelle

Il existe plusieurs classes de phénomènes sans aucun analogue classique. Ils ont pour nom quantification, dualité onde-particule, principe d'incertitude et enlacement.

1. Dans le cas d'une particule libre dans l'espace vide, la position et l'impulsion sont l'une et l'autre des observables continues. Cependant, si nous contraignons la particule à n'occuper qu'une portion de l'espace (si nous l'enfermons dans une boîte), l'impulsion devient discrète (discontinue) : elle ne prend que des valeurs $nL/2h$, où L est la longueur de la boîte, h la constante de Planck et n un

nombre entier. D'autres exemples d'observables quantifiées sont le moment angulaire (*spin*), l'énergie totale d'un système fermé et l'énergie contenue dans une onde électromagnétique d'une certaine fréquence ($E = nh\nu$).

2. Il a été montré que, dans certaines conditions expérimentales, des « objets microscopiques » comme les atomes, les électrons ou les quarks arborent des comportements corpusculaires (au sens où ils peuvent être localisés dans une région restreinte de l'espace) : ils se heurtent à d'autres objets et rebondissent. Deux bons exemples en sont l'effet photoélectrique et l'effet Compton, relevant de l'interaction entre photon et électron. Dans d'autres conditions, le même type d'« objet » manifeste un comportement ondulatoire, marqué par des interférences. Nous ne pouvons observer qu'une propriété à la fois : telle est l'essence du principe de complémentarité édicté par Niels Bohr.

3. Le principe d'incertitude exprime le fait que la précision des mesures consécutives de deux observables incompatibles ou plus soit sujette à une limitation fondamentale. Cela implique que la position et l'impulsion d'une particule libre ne peuvent jamais être mesurées simultanément avec une précision totale, même en principe. Plus la précision sur la position s'améliore, plus la précision sur l'impulsion se détériore, et réciproquement. Les variables auxquelles s'applique le principe d'incertitude sont dites canoniquement conjuguées en physique classique, leur produit est toujours du genre Action (dont l'unité est h). C'est le cas des couples énergie-temps et impulsion-position.

4. Pour couronner le tout, vient l'enlacement, l'intrication, la non-séparabilité, qui est le nœud de la physique quantique, mais ici la langue se fait torse.

Des trois premiers effets quantiques, nous jouerons tour à tour, dans le cadre élargi de la théorie quantique des champs, avec une précaution toute particulière, toutefois, tant ils sont délicats de nature. Et nous laisserons à l'écart le quatrième qui ne se laisse qu'imparfaitement pénétrer. Dirac et Feynman, nos Virgile, nous guideront à travers les bucoliques champs et vides quantiques fleuris.

Dirac matriciel ou l'horreur de la philosophie

La période 1924-1933 est l'ennéade prodigieuse de la physique théorique. Le taciturne Paul Adrien Maurice Dirac en fut l'un des principaux architectes. L'introverti se consacrait à une calme contemplation de la nature, mais il parlait avec des éclairs. Son style laconique et technique devint un modèle linguistique de précision. Ce fut un visionnaire rationnel, un rêveur de fictions réalisées, un véritable devin mathématique. Ce faisant, l'adepte des matrices a largement créé le langage de la physique théorique et est devenu le faiseur d'or de la physique de son temps. Ce n'était pas à proprement parler un philosophe. La philosophie n'est jamais qu'une manière de penser les découvertes qui ont déjà été faites, proférait-il.

Années folles

Les classiques solidité, certitude, stabilité et permanence de la matière avaient été battues en brèche et remplacées par les quantiques incertitude, granularité et dualité onde-particule. Le relativiste espace-temps, auparavant scène des phénomènes, se pavanait en tant qu'acteur cosmique et l'idée cosmologique d'un Univers en expansion et non pas statique, d'âge limité et non pas éternel, se frayait un chemin. En Germanie, le grain avait bu l'onde et celle-ci avait emporté le grain. En 1928, P. A. M. Dirac, en terre anglo-saxonne, fusionna la relativité et la mécanique quantique dans l'équation qui porte son nom, magnifique synthèse qui allait rendre compte du spin de l'électron et conduire à la prédiction de l'antimatière.

L'homme de l'électron

Plantons le tableau de ses prophéties. C'était au temps où Louis de Broglie avait été conduit à l'idée des ondes de matière par des considérations relativistes. En son premier élan, Edwin Schrödinger essayait d'établir une équation relativiste de l'électron. Lorsqu'il l'eut formée, il l'appliqua fébrilement au comportement de l'électron pris dans l'atome d'hydrogène. Mais, à son grand désespoir, il obtint des résultats qui ne s'accordaient pas avec les données spectroscopiques. La source de cette déconvenue est qu'à l'époque, on ne savait pas que l'électron avait un spin ou quelque chose qui lui ressemble mathématiquement.

Complémentarité I

Eu égard aux systèmes physiques classiques, nous savons par expérience que toutes les observables sont compatibles (c'est-à-dire mesurables simultanément) : elles sont commutatives, disent les mathématiciens, ce qui signifie que le résultat de deux opérations est indépendant de leur ordre. C'est ainsi, d'ailleurs qu'on peut définir le classicisme : un système est classique si toutes ses observables commutent. En physique quantique, en revanche, coexistent des observables compatibles et incompatibles. À ce fait est attaché le terme de « principe de complémentarité ». Ce principe signifie que la mesure de deux observables incompatibles requiert deux instruments mutuellement exclusifs (incompatibles). Le comportement observé dépend du type de mesure que l'expérimentateur choisit d'effectuer : si une propriété corpusculaire, comme la position est mesurée, alors l'objet quantique se comporte comme une particule. De même, si nous choisissons d'observer une propriété d'onde (comme l'impulsion, qui fixe la longueur d'onde d'après la relation de De Broglie $\lambda = h/p$), le comportement observé sera ondulatoire.

Einstein ne pouvait admettre que ce que nous observons, et en conséquence ce que nous appelons la « réalité », était uniquement fondé sur la manière qu'on choisissait de regarder le monde. De surcroît, il était froissé par le fait que, selon la théorie quantique, la réalité n'existe que lorsqu'on l'observe. Il serait bien malheureux d'apprendre que l'horizon du trou noir fait partie de cette catégorie d'objets-mirages !

Ondes bénies

Einstein adressa à la mécanique quantique des critiques acerbes, et ces banderilles restent encore fichées dans son cuir. Il est piquant de constater que c'est l'insatisfaction ancestrale du père de la relativité qui motive les recherches les plus en pointe de la physique quantique contemporaine. Elle doit ainsi à son plus profond et ancien détracteur ses plus belles envolées.

Le sculpteur de l'espace-temps n'était pas le seul à tenir l'« algèbre de sorcière » d'Heisenberg en détestation. Les grands physiciens berlinois Planck et von Laue furent comblés d'aise lorsque Schrödinger présenta son équation, car il avait recours tout au long à des fonctions continues et se dispensait de l'usage de ces horribles matrices, ainsi que de la philosophie compliquée et apparemment contradictoire de la grande sirène danoise Niels Bohr. Comble de bonheur, les calculs de Schrödinger fournissaient une interprétation aisée du microcosme, en termes de concepts classiques, qui faisait la nique aux gens de Göttingen. Un peu plus tard, le même Schrödinger prouva que les matrices d'Heisenberg pouvaient être sans encombre remplacées par son équation différentielle (qui ne met en jeu que des fonctions continues), établissant l'équivalence des deux formalismes. Comme à son habitude Paul Adrien Maurice réécrivit la théorie de Schrödinger dans sa propre langue. Et la mécanique quantique prit une forme mathématique stricte.

Tout comme Einstein pensait que la géométrie non euclidienne pouvait être la réponse à toute chose, Bohr s'accrochait à ses principes de correspondance et de complémentarité. Mais Dirac ne les tenait point en sainteté. Ces idées, disait-il, « ne nous fournissent aucune équation dont nous ne disposions pas auparavant » (elles étaient donc platement « philosophiques »). Le même doute pèsera sur le nouveau principe de complémentarité édicté par Susskind dans le cadre du trou noir quantique, mais n'anticipons pas.

Dirac à double racine

Quelle fut la quête du taciturne ? Sans l'ombre d'un doute, celle d'un mariage de la physique quantique et de la relativité restreinte. Si Einstein est l'homme du photon, Dirac est sans conteste celui de l'électron. L'antimatière fut prédite par lui avant même d'être observée. Elle émergea d'une tentative d'harmonisation de la mécanique quantique et de la relativité restreinte.

L'équation classique (non relativiste) qui relie l'énergie d'une particule libre à son impulsion ($E = p^2/2m$) a une solution, et une seule ($E = \sqrt{p^2}/2m$), toujours positive. Récrite sous forme quantique, elle conduit à l'équation de Schrödinger, de toute première importance pour la description de l'atome. Mais la relativité restreinte amène à amender cette formule et à la remplacer par : $E^2 = P^2 + M^2$. Pour chaque valeur de P, elle admet maintenant, non plus une seule racine, mais deux :

$$E = + \sqrt{(P^2 + M^2)} \text{ et } E = - \sqrt{(P^2 + M^2)}$$

Vide poissonneux

Associer à une particule libre une énergie négative n'a aucun sens en physique classique. On serait tenté de rayer d'un trait de plume la seconde solution et déclarer l'échec de toute tentative de quantification relativiste. Ce ne fut pas l'attitude de Dirac qui, d'un revers de fortune, fit un triomphe de la physique, en identifiant le vide à une mer invisible sursaturée d'électrons d'énergie négative. Ce faisant, il fit du Vide (avec un grand V cette fois-ci pour en souligner la vigueur) un substrat physique plutôt vif que mort, et le dota d'énergie, fût-elle négative. Depuis, il n'est plus identifiable au néant, c'est un constituant du monde que la cosmologie ne saurait ignorer.

Il poussa l'audace jusqu'à identifier l'absence dans la mer virtuelle d'un électron d'énergie négative avec la présence au monde de son antiparticule (positon) et rendit de ce fait possible la « création » et la disparition de particules matérielles, ce qu'interdisait formellement la physique classique et la mécanique quantique non relativiste.

Dirac en maillot de bain

Soit un photon d'énergie supérieure à deux fois la masse de l'électron. Il est capable de faire passer un électron d'un état d'énergie négative (« virtuel ») à un état d'énergie positive, où il devient « réel ». Il apparaît alors un « trou » dans la mer des énergies négatives. Conformément au principe de la conservation de la charge électrique, on voit apparaître un électron positif, ou positon, particule antimatérielle symétrique de l'électron. Inversement, les antiparticules sont à chaque seconde menacées de disparaître dans une collision avec les particules correspondantes qui règnent en maître dans l'Univers observable. Car particule + antiparticule → énergie pure, et inversement.

Mer solide

Pour une particule libre, dont l'énergie est nécessairement constante, nous pouvons prendre le parti d'ignorer les états d'énergie négative. Il n'en va pas de même pour un électron qui interagit avec une quelconque particule, car il peut ainsi échanger de l'énergie avec son environnement. Et rien, en apparence, ne peut endiguer sa descente en cascade vers les états d'énergie négative infinie. C'est comme si le sol se dérobait sous ses pas. Car tout ce qui est haut (en altitude, en énergie) doit tomber. Comment empêcher les électrons de sombrer dans le gouffre sans fond des énergies négatives et les arracher à l'abîme ? Simplement en le supprimant et en leur offrant un sol fixe, un état d'énergie au-dessous duquel on ne peut descendre. La stabilité du vide est ainsi assurée.

Dirac puise la solution dans la physique quantique, en brandissant le principe d'exclusion de Pauli, qui s'applique aux électrons comme à tous les fermions (particules de spin 1/2)[2]. En l'occurrence ce principe atteste que deux électrons ne peuvent coexister avec la même vitesse (énergie) et même sens de rotation. Il imagine donc que ce que nous appelons le vide ne l'est pas ; bien au contraire, il est rempli jusqu'à la gueule d'électrons d'énergie négative (virtuels) ne laissant aucune place à un quelconque importun qui, venant du monde réel (des énergies positives), voudrait s'infiltrer dans celui des énergies négatives. Ainsi suspend-il la chute dans le gouffre des énergies négatives ($-\infty$). Les électrons marchent désormais sur le dur.

Dans ce cadre de pensée, un positon (antiélectron) d'énergie positive est l'absence d'un électron d'énergie négative. Le monde se dédouble, pour la première fois. Ce ne sera pas la seule, la supersymétrie tend un nouveau miroir à la nature, « perpendiculaire » à celui de l'antimatière, mais n'anticipons pas.

La théorie de Dirac n'est plus celle d'une particule unique voguant dans le ciel libre, car elle décrit aussi bien la particule que l'antiparticule associée, mais surtout elle ajoute un élément global, partout présent, le vide plein. Elle prélude ainsi à la théorie quantique des champs, base fondamentale du modèle standard de la physique des particules, qui la remplace avantageusement. Mais elle est de toute évidence incomplète, car elle laisse sur le carreau toute la

---

2. Qu'est-ce que le spin ? Le spin, attribut de giration, est une propriété cinématique des particules élémentaires au même titre que la masse. L'une et l'autre de ces quantités doivent pouvoir être décrites comme des quantités invariantes sous les transformations relativistes (groupe de Poincaré). Bref, spin et masse sont des invariants relativistes, ce qui leur confère une qualité intrinsèque (objective), indépendante de la position et du mouvement de l'observateur. Le spin a ceci de particulier qu'il régit le comportement social des particules, en divisant le monde en deux catégories, les bosons de spin entier et les fermions de spin demi-entier. Les premiers manifestent une tendance irrépressible à se réunir, les seconds à se séparer.

catégorie des particules de genre boson (de spin entier), qui échappe au principe d'exclusion de Pauli. De plus, elle est suspecte car les électrons virtuels de la mer portent tous une charge négative : le vide devrait alors posséder un puissant champ électrique, qui le rendrait détectable, ce qui contredit sa définition.

Désormais dépassée, la mer de Dirac garde cependant un indéniable aspect pédagogique, dans la mesure où elle nous permet de visualiser des phénomènes du microcosme de toute première importance qui sont afférents à l'anti-matière, telles la création en laboratoire de paires particule-antiparticule et l'annihilation de ces dernières.

Création et annihilation :
minuscule genèse et microfin des temps

Le principe gouverneur des créations et des annihilations est la préservation de l'énergie totale (masse + mouvement), de l'impulsion, du moment angulaire (mvr) et de la charge électrique. À partir de ces lois de conservation, il est aisé de montrer qu'un photon gamma ne peut disparaître corps et bien dans l'espace vide, créant par son sacrifice une paire électron-positon. La présence d'un noyau d'atome massif, qui peut absorber l'impulsion sans affecter notoire-ment le bilan d'énergie est nécessaire pour permettre, tout à la fois la conservation de l'énergie et de l'impulsion. La charge électrique est automatiquement conservée dans le processus, car le plus annule le moins. En relation étroite avec la création de paires est l'annihilation, qui est le pro-cessus inverse.

Respect de l'étiquette quantique

En mécanique quantique, les particules sont décrites par une poignée de nombres (spin, charge, etc.) qui ne peuvent prendre que des valeurs discrètes (discontinues). On les appelle de ce fait nombres quantiques. Ce sont le spin, S, et les trois nombres quantiques additifs Q, L et B. Le spin divise les particules en deux catégories distinctes, les bosons, de spin entier, et les fermions, de spin demi-entier. Les nombres Q, L, B sont des estampilles qui nous permettent de dire immédiatement à quel type de force la particule qui les porte est prédisposée. Une charge électrique nulle ($Q = 0$) signifie qu'elle est totalement insensible à l'interaction électromagnétique ; de même, un nombre leptonique $L = 0$ est une marque d'indifférence à l'interaction faible, et un nombre baryonique $B = 0$ pareillement, eu égard à l'interaction forte. On convient d'attribuer les nombres 1 et −1 aux particules et antiparticules respectivement[3]. Les trois nombres susdits ont un avantage insigne, qui en fait la valeur : ils se conservent dans tous les phénomènes prenant part dans la nature sauf extraordinaire. Avant et après réaction, leur somme se retrouve à l'identique. Inversement, la non-conservation de ces nombres dans un processus supposé le condamne à la non-existence.

Ce léger attirail quantique devrait nous suffire à percer la stratégie de Hawking, enlumineur de la plus belle eau.

---

3. $L = 1$ pour l'électron et le neutrino, et $L = -1$ pour le positon et l'anti-neutrino. De même, $B = 1$ pour le proton et le neutron, et $B = -1$ pour l'anti-proton et l'antineutron.

Hawking, marchand de sable

Sous les coups de marteau répétés d'Heisenberg, Dirac et Feynman, casseurs de certitudes, les particules virtuelles jaillirent de l'enclume du vide comme des étincelles. Faisant voler en éclats le bouclier de l'obéissance, transgressives à souhait, elles sont désormais partie prenante d'une fable nécessaire de liberté en physique. Elles ont rendu généreux le vide qui cesse aussitôt de s'identifier au néant stérile, libre de se structurer, de fructifier, de créer des particules et de les reprendre, à condition toutefois que son commerce demeure clandestin. Stephen Hawking, épigone d'Heisenberg, poignardera à son tour, dans de très lumineuses ténèbres, une autre certitude, une autre idéalité : la notion classique de trou *absolument* noir[4].

Après Hawking, le dégel

Dans quelle infamie s'origine le trou noir ? Longtemps tenu en suspicion, Hawking en a fait la Rome de la physique, où convergent tous les chemins. Le Hawking totémisé, souvent cité dans la littérature scientifique comme le nouvel Einstein, doit sa notoriété au fait d'être venu à bout de l'autisme des trous noirs. Vent debout contre l'opinion régnante, il a décongelé le trou noir en mariant les idéologies contraires d'Einstein et Dirac-Feynman. Ainsi peut-on dire de lui qu'il rayonne et, rayonnant, qu'il *évolue*. Mais jusqu'à présent, aucune expérience n'a eu la sensibilité suffisante pour en administrer la preuve indubitable. Cette

---

4. C'est Richard Feynman qui lui a fourni l'arme du crime en lui glissant la méthode dite « somme sur les histoires » qui équivalait à comptabiliser tous les espaces-temps possibles.

obscure clarté garde encore un goût d'idéal. Nous allons essayer d'en pénétrer la genèse.

Feynman et Einstein

En 1949, Richard Feynman a publié deux articles très influents[5] qui donnaient à l'électrodynamique quantique une forme entièrement compatible avec les symétries de l'espace de Minkowski. Il y développait une méthode qui allait changer les usages des physiciens. Depuis, ils griffonnent comme des enfants. Les « diagrammes de Feynman » sont utilisés dans tous les instituts car ils simplifient radicalement les calculs des processus impliquant des particules élémentaires.

Feynman fait une guirlande dialectique des notions de vide quantique, de particule et d'antiparticule : le vide devient le siège d'un commerce secret de particules virtuelles fiancées à leurs antiparticules. Sonnez hautbois ! Toutes les entités du microcosme, sans exception, sont décrites de la même manière. Réelles ou virtuelles, de masses nulles ou pondérables, particules ou antiparticules, elles sont réunies dans l'harmonieuse vision de Feynman.

Alors que les jeunes physiciens de Princeton développaient la nouvelle électrodynamique, Einstein passait indifférent sous leurs fenêtres. Il n'assista pas à un seul de leurs séminaires. Il poursuivait obstinément sa route solitaire vers la théorie unifiée des champs. Quant aux trous noirs, il les relégua au doute[6], mais avec moins de sévérité, peut-être, que la mécanique quantique. Bien plus tard, un

---

5. « La théorie des positons », *Phys. Rev.*, 1949, 76, 749 et « Space-time approach to quantum electrodynamics », *Phys. Rev.*, 1949, 76, 769.

6. Dans le livre qu'il écrivit pour le grand public, *La Théorie de la relativité restreinte et générale*, le mot trou noir n'est jamais prononcé.

Hawking à double tête, disciple d'Einstein et de Feynman, honora les deux soleils de la relativité générale et de la théorie quantique des champs, et les fondit en un seul.

Les bonnes œuvres de l'antimatière

On ne chantera jamais assez l'antimatière, double antagoniste et mortel de la matière. Aussi réelle que la matière, tout aussi existante et durable, garante de causalité, de neutralité, de légèreté et de conservation, elle vient parfaire le tableau du monde.

Triple symétrie

Les opérations C, P et T[7] consistent abstraitement à remplacer respectivement les particules par des antiparticules et réciproquement, la droite par la gauche et à inverser le temps. Si, au terme de chacune de ces opérations, la situation physique reste inchangée, on parle de symétrie. La symétrie C, toute seule, n'implique pas qu'une population de particules puisse être remplacée sans coup férir par une population d'antiparticules : pour obtenir un anti-système, il convient de mettre en œuvre la symétrie plus complète CPT, qui implique également les inversions spatiale et temporelle. Ici entrent en lice le temps et l'espace, ce qui n'a rien d'étonnant s'agissant d'une théorie relativiste. La symétrie CPT modifie véritablement, outre la qualité des particules, la dynamique des systèmes.

L'antimatière a donc à voir non seulement avec la matière, mais également avec l'espace et le temps, à tel titre que Feynman a pu voir dans l'antiparticule une particule

---

7. Conjugaison de charge, parité et inversion du temps.

qui remonte le temps. Il se dispense ainsi du vide plein de Dirac.

De manière plus abstraite, on peut dire comme Steven Weinberg[8] que « l'invariance de Lorentz requiert la causalité » et que « pour rétablir la causalité, l'antimatière est nécessaire ». L'antimatière a donc quelque chose à voir avec la course du temps. La physique ne peut en faire l'économie. L'antimatière est donc une nécessité logique émanant de la relativité restreinte. Mais c'est bien plus que cela, car elle existe véritablement comme en atteste l'expérience. La théorie quantique des champs implique l'existence d'antiparticules pour tous les fermions. Et, de fait, on les a découvertes : positons, antiprotons, antineutrons, antineutrinos de divers genres.

Antimatière et causalité

Selon Feynman, une particule d'énergie négative est équivalente à une particule d'énergie positive se déplaçant à contretemps (c'est-à-dire remontant le temps) ou à une antiparticule qui le descend. Une particule de charge électrique $-e$ $(+e)$ qui remonte le temps obéit aux mêmes équations de mouvement qu'une particule de même masse et de charge opposée $+e$ $(-e)$ avançant dans le temps. La première peut être considérée comme antiparticule de la seconde, et inversement. La causalité (interdiction formelle de remonter le temps) implique donc l'existence d'antiparticules, qu'on a effectivement observées. Inversement, l'existence avérée d'antiparticules renforce notre confiance vis-à-vis de la causalité.

---

8. *The Quantum Theory of Fields : Foundations*, Cambridge University Press, 2005.

Du bonheur d'avoir un double antagoniste et mortel

La masse de l'électron est modeste, fort heureusement. Sinon, les atomes n'existeraient pas sous la forme bien balancée qu'on leur connaît. Et cette légèreté, l'électron la doit, en vérité, à son double antagoniste et mortel, le positon. Sans celui-ci, l'énergie électromagnétique individuelle d'un électron serait énorme ; il serait subjugué par son propre champ électrique et l'énergie de cette interaction narcissique s'ajouterait à sa masse « nue ». S'il n'y avait, là, dans le vide, ou soi-disant tel, un positon virtuel flottant à proximité, de charge électrique opposée, baume pour calmer sa démangeaison électrique, l'électron serait si gras que les atomes s'effondreraient.

La symétrie ultime :
Susy, ingrédient de la théorie des supercordes

L'antimatière et la symétrie qui est au cœur de son existence servent de modèles et d'inspiratrices à une symétrie plus somptueuse encore : la supersymétrie.

Dirac a rendu nécessaire l'antimatière, à partir de l'équation de l'électron qui, en tant que fermion, est régi par le principe d'exclusion de Pauli. Si l'on en reste là, on est forcé de conclure qu'il n'y a pas d'antiboson, ou du moins que les bosons sont leur propre antiparticule, ce qui incidemment est le cas des photons. Mais, en l'occurence, le monde serait déséquilibré. Quand Guelfan, entre autres, a inventé la supersymétrie, il a postulé l'existence d'un surmonde fait de particules supersymétriques, dites aussi sparticules. Comme notre monde, il admettrait l'existence de bosons et de fermions, mais les contreparties supersymétriques de nos bosons seraient des fermions et *vice versa*. Le photon (boson) s'est ainsi vu flanqué d'un photino (fermion), l'électron (fermion) d'un sélectron (boson) et les quarks (fermions) de squarks (bosons).

Dans le supermonde, les fermions sont leur propre antiparticule (comme les bosons dans le nôtre). Et si l'on veut, pour faire plaisir aux cosmologues, que surmonde = matière noire, il existe une sparticule stable, ou du moins une combinaison stable de sparticules. Celle-ci est nécessairement la plus légère de ce supermonde : on l'appelle neutralino. Le neutralino est posé comme une combinaison linéaire de partenaires supersymétriques de nos bosons élémentaires neutres, donc une combinaison de fermions. Il marie en effet le photino, sparticule du photon, le zino, sparticule du Z^0, et deux higgsino neutres, sparticules de deux bosons de Higgs neutres.

Dans le surmonde, les fermions sont leur propre antiparticule. De ce fait, si deux neutralinos viennent à se rencontrer, ils s'annihilent mutuellement, produisant une cascade de particules. Puisque le neutralino est la plus légère des particules du surmonde, son annihilation ne peut engendrer d'autres sparticules. La cascade de désintégration est donc nécessairement composée de particules de notre monde. Le but est maintenant de les détecter… mais c'est une autre histoire.

Virtualité et réalité des particules

La bonne articulation du discours sur le rayonnement du trou noir brillant et la compréhension des phénomènes apparentés, que nous aborderons dans le prochain chapitre, nécessitent qu'après avoir longtemps tourné autour du pot, nous définissions clairement ce que les physiciens appellent « réel » et « virtuel », termes spécifiques à la théorie quantique des champs. Tous les effets surprenants dont il va être question relèvent, en effet, du concept de particule virtuelle (synonyme de fluctuation quantique du vide).

Dans le langage des physiciens quantique qui ne jurent que par le principe d'incertitude est dite virtuelle une particule qui existe pendant une période de temps t limitée et donc dans une petite région de l'espace, telle que t = E/h. Elle ne peut exercer son influence que très localement car, même volant à la vitesse de la lumière, elle ne couvre qu'une distance ct.

Ombre d'Unruh

À cette annonce, un frisson court sur l'échine du relativiste et une mauvaise appréhension traverse l'esprit du quantique. Dans la mesure où le temps (la durée) est affecté par la gravitation, les propriétés intrinsèques des particules virtuelles, la masse en premier lieu, ne vont-elles pas varier en fonction de l'intensité du champ de gravitation dans lequel elles baignent (de la métrique, de la courbure, de l'accélération... et tout le tremblement) ? Connaissant le rôle des particules virtuelles dans l'économie générale du microcosme, on s'inquiète de les voir dépendre ainsi du contexte. Et ce n'est pas monsieur Unruh qui nous rassurera. Qui est ce personnage dont l'ombre passe sur le mur ? Il viendra à son heure... Laissons pour l'instant nos inquiétudes au bord du chemin, faisons semblant de rien et poursuivons tête droite la marche dans les prairies fendues.

Neutralité bienveillante du vide relaxé

Dans l'espace-temps plat (de Minkowski), les particules de *matière* tirent leur distinction de leur masse et de leurs charges désignées par des nombres quantiques invariables non nuls. Le vide, au contraire, brille par son apparence d'absence. Zéro est son chiffre. Les nombres quantiques du vide sont tous nuls, absolument, de toute nécessité, car il est neutre, totalement et intégralement. Sinon, ce serait quelque chose de matériel. On l'aurait détecté et on en aurait délimité les contours, ce qui serait contraire à sa définition.

N'ayant nul attribut, sa discrétion totale est assurée. Quintessence de la neutralité, il ne doit contenir ni quark ni lepton. Sinon, il usurperait son nom. Sauf, peut-être, sous la forme de paires particule-antiparticule d'énergie et de nombres quantiques opposés. Et si l'on suppose leur conservation, du vide ne peuvent sortir (ou dans le vide ne peuvent entrer) que des systèmes dont l'énergie et la somme des nombres quantiques sont nulles. Ainsi, les entrées-sorties du vide ne concernent que des systèmes d'énergie, charge électrique, nombre baryonique et nombre leptonique nuls. Le vide est vide de particules réelles (mais plein de particules virtuelles).

Neutralité-symétrie du vide

En théorie quantique des champs, les masses des fermions sont déterminées par l'énergie nécessaire à la formation d'une paire fermion-antifermion à partir du vide. Si m est la masse de l'espèce considérée, une énergie de $2mc^2$ (ou plus) est requise pour faire la paire. Dans ce processus de production (« création »), l'impulsion et la projection du moment angulaire dans la direction du mouvement (spin) doivent garder la valeur qu'elles ont dans le vide, c'est-à-dire zéro, car ces quantités sont exactement conservées. Le fermion et l'antifermion doivent être produits dos à dos pour conserver l'impulsion. Les spins doivent pointer dans des directions opposées pour maintenir un moment angulaire nul. Le vide écrit d'une main ce qu'il efface de l'autre.

Symétrie du vide libre

Le vide illimité, dans l'espace-temps de Minkowski, est symétrique, neutre, homogène et isotrope. Le vide est un. L'état de vide étant unique, il est dépourvu d'ambiguïté et les particules (réelles) se définissent clairement par rapport à cet état qui en signifie simplement l'absence.

Mais subtil et avaricieux, il reprend d'une main ce qu'il donne de l'autre. Rusé comme un pêcheur de grenouilles, il laisse affleurer un instant le chiffon rouge des particules virtuelles sur lequel se précipitent les particules réelles. S'il rate sa prise, il retire aussitôt le leurre pour le jeter à un autre endroit.

Ainsi le vide quantique sert-il non seulement de banque mais d'agence de communication. Car si les particules « réelles » constituent le support matériel de toute chose, les particules « virtuelles » véhiculent les forces. Ce sont des agents de liaison. Elles constituent le ciment du monde et les particules réelles sont les pierres de construction.

Paires virtuelles

Que faut-il retenir ? L'apparition d'une particule virtuelle implique celle de l'antiparticule correspondante, et réciproquement. La virtualité implique des paires particule-antiparticule (électron-positon, proton-antiproton, etc.) si les objets incriminés portent des quantités conservées ou charges. Ainsi, un électron ne va pas sans positon, un proton sans antiproton. La somme des charges d'une paire virtuelle est nulle, tout comme celle du Vide qui l'engendre.

De même l'énergie. Dans la mesure où elle est conservée, un des membres de chaque paire doit nécessairement avoir une énergie négative. Lequel des deux ? Il n'y a aucune raison de supposer que le signe moins est réservé aux antiparticules.

Fertilité du zéro

Symboliquement, zéro est donc le chiffre du vide. Il est aussi bien celui de la lumière, quintessence du neutre, qui ne porte aucune charge. Or zéro, c'est aussi plus et moins accolés. Ainsi une paire particule-antiparticule est-elle toujours susceptible de sortir du vide ou de la lumière ou d'y revenir.

$$\text{Vide} \rightarrow e^+ + e^- \rightarrow \text{Vide}$$
$$\text{Lumière} \rightarrow e^+ + e^- \rightarrow \text{Lumière}$$

La matière (et l'antimatière) est entre deux vides ou deux lumières, celui (celle) du commencement (création) et (celui) celle de la fin (annihilation).

Particules clandestines

Les particules réelles peuvent voyager loin, car elles sont stables et durables, quand elles sont séparées de leur antiparticule, leur meurtrier potentiel. Pérennes, elles peuvent servir de support matériel aux choses. Les particules virtuelles arborent toutes les propriétés des particules réelles correspondantes (mêmes masse, spin et charge). La distinction entre virtuel et réel tient en ceci : par définition, une particule virtuelle doit rester nécessairement cachée, invisible et indétectable. On ne peut donc mesurer que ses effets. Si une particule est observée, elle ne peut être virtuelle. L'observation d'une certaine manière réalise.

Les particules virtuelles sont considérées comme les quanta qui décrivent les champs (entités étendues) des quatre interactions de base. Les photons, bosons W et Z, gluons et gravitons qui véhiculent respectivement les forces électromagnétique, faible, forte et gravitationnelle ne peuvent être décrits en termes de particules réelles. La virtualité est dans les forces, la réalité dans la matière.

Une particule virtuelle, pour finir, est une particule transgressive qui cesse d'obéir précisément à la relation relativiste entre masse, impulsion et énergie $M^2 = E^2 - P^2$ pendant un court laps de temps. Le vide est donc par rapport aux particules virtuelles ce que le père est par rapport aux filles.

Matérialisme éthéré

Après Dirac et Feynman, le matérialisme prend un tour plus subtil. L'antimatière assure la conservation des nombres quantiques, les particules virtuelles couvrent le flirt des particules réelles, le vide fait feu de tout bois. « Donnez-moi le vide et les atomes, tout le reste est commentaire », s'écriait Démocrite, posant le vide creux comme condition du mouvement. La modernité dans la physique est de disputer la royauté aux atomes et de fourrer le vide. Les atomes dont on faisait le support matériel de toutes choses ne sont pas tout, l'antimatière est aussi réelle que la matière et les particules virtuelles tout aussi existantes que les atomes. Elles sont moins apparentes, voilà tout.

Géométrie/topologie concrète

Le géomètre quant à lui ne jure que par les champs. On peut appeler « champ », au sens général du terme, l'agent extérieur (macroscopique, classique) qui vient porter atteinte à l'idéale unité (uniformité) du vide, limiter son étendue ou lui imposer une direction. Ce rôle peut être joué par des objets très différents, champ électrique (régnant entre deux plaques électrifiées) ou limites géométriques (plaques neutres, trous noirs, horizon cosmologique) qui coupent le vide en deux. Ainsi, le champ, introduit au niveau classique, qu'il soit physique ou géométrique (topologique), engendre les mêmes réactions. La brisure de l'isotopie du vide, ou l'imposition de limites à sa grandeur produit des effets (de misère) quantiques (microscopiques) mesurables.

Réalisation dans la séparation : effet Schwinger

Attardons-nous un instant sur l'archétype de la réalisation, de la création de particules à partir d'un champ, en l'occurrence électrique : j'ai nommé l'effet Schwinger.

Dans le vide hypocrite, des paires particule-antiparticule virtuelles sont en permanence créées et annihilées en secret, dans notre dos. Prenons deux plaques métalliques. Faisons le vide entre elles et portons à très haut voltage, ce qui revient à appliquer un champ électrique extrêmement puissant dans l'interstice, et ainsi à différencier ce petit univers fortement électrisé du reste du monde, briser la belle unité du vide. La force électrique opposée qui s'exerce sur les deux pôles des paires électron-positon les déchire car les e^+ sont attirés par la plaque – est les e^- par la plaque +. Tirés à hue et à dia, les couples virtuels se séparent et les individus qui les constituent acquièrent, de ce fait, pleine réalité.

La preuve en est que les électrons sont collectés d'un côté du vide emprisonné entre les plaques et les positons de l'autre. Un courant électrique circule à travers l'espace même s'il n'y a aucun milieu matériel dans la région où le champ électrique est appliqué. Ce phénomène incongru a été observé en laboratoire : il confirme la grande intuition quantique d'un vide habité, actif et florissant.

Effet Casimir

L'une des manifestations les plus tangibles des ondes et particules virtuelles du vide est l'effet Casimir. Les plaques toujours sous vide sont maintenant déchargées : à notre grande surprise, nous constatons que leur distance mutuelle s'amenuise[9]. L'explication qu'on donne à ce phénomène est celle d'une sélection, d'un triage des ondes virtuelles du vide, ondes associées aux particules éponymes. Seules sont dignes de résider entre les plaques celles dont la demi-longueur d'onde est un sous-multiple de l'interstice. Il y a donc moins d'ondes (moins de particules virtuelles) à l'intérieur qu'à l'extérieur. Et la pression externe dépasse la pression interne. De ce fait, les plaques se rapprochent comme soumises à une force. Mais ce n'est pas le seul indice du travail souterrain du vide. Bien que les particules virtuelles dont il regorge (ou fluctuations quantiques) n'offrent aucune possibilité de détection, l'explication

---

9. L'effet est minuscule et sa mesure demande des expériences délicates. Voir la page personnelle de Serge Reynaud du laboratoire Kastler-Brossel (École normale supérieure) et l'article d'Astrid Lambrecht dans *La Recherche*, juin 2004, n° 376.

d'un grand nombre de phénomènes observés dépend de leur existence.

Hawking l'enlumineur

Après avoir tant disserté sur le statut du vide et l'avoir honoré de l'adjectif fleuri, reprenons le fil historique. L'éventualité que les trous noirs puissent rayonner a été caressée pour la première fois par Yakov Zeldovich, le grand physicien de l'Union soviétique d'alors, mais sa démonstration n'était, au dire de tous, que qualitative et ne s'appliquait qu'aux trous noirs tournants. En 1974, Hawking a universalisé la paradoxale présomption de radiance en démontrant que *tous les trous (noirs), sans exception, émettent un rayonnement de corps (noir).*

Trou gris

À l'incrédulité de ses pairs, l'enchanteur de Cambridge grava sur les tablettes de la physique l'un des plus beaux oxymores de tous les temps. *Les trous noirs*, laissa-t-il entendre, *ne sont ni trous ni noirs, mais gris sur les bords.* Ce n'était pas un simple jeu de langage : la négation du noir absolu était fondée sur un travail théorique aussi profond et obscur que son objet, qui empruntait aux deux physiques relativiste et quantique, car Hawking, contrairement à l'adage, mettait ses œufs théoriques dans le même panier.

Usant de la théorie quantique des champs en espace courbe, mais modérément, le jeune alchimiste de l'espace-temps a découvert que les trous les plus élémentaires sont susceptibles de se sublimer en particules et ainsi de rayonner comme des corps tièdes ou chauds. Il a montré que l'entropie et la température sont respectivement proportionnelles à la surface de l'horizon et à l'inverse de la masse du trou noir. C'est ainsi qu'il a recousu l'abîme qui séparait les mondes de la gravitation, des particules et de la chaleur. Le rayonnement de Hawking établit, en effet, une connexion profonde entre gravité, théorie quantique et thermodynamique. Voilà qui mérite d'être loué. Mais revenons à la racine thermique du phénomène.

Assouplissant des règles frontalières

Le trou noir ne saurait être autre qu'universel, à l'instar de la gravitation, sa mère. Nulle matière, nulle onde ne peut se soustraire à son influence. Permission d'entrée à toute chose, sans réserve, et interdiction absolue de sortie de quoi que ce soit : telles sont les régimes de flux dissymétriques qui régentent les frontières des trous noirs classiques[10]. Selon cette sévère législation douanière, un trou ne saurait rayonner ; par conséquent, sa température devrait être strictement nulle. Cet étrange objet semblait constituer une véritable anomalie thermométrique[11].

Opacité dans un sens, transparence dans l'autre : Hawking s'en est offusqué. Opposant au despotisme de cette règle le laisser-faire quantique, il a démontré que les

---

10. Par chose, nous entendons ici particule, rayonnement, et même autre trou noir. Un trou noir peut se fondre avec un autre, mais il ne peut en enfanter un deuxième.

11. La température d'un objet quelconque peut être estimée de deux manières : ou bien en analysant sa lumière (le spectre de « corps noir ») qu'il émet, ou bien en mesurant la température de l'environnement avec lequel il est en équilibre thermique. Sur cette base, il semble évident que le trou noir, étant donné sa définition absolument négative (rien n'en sort), n'a pas de température définissable. Il n'émet aucune particule, de quelque genre que ce soit, et il ne peut se mettre en équilibre thermique dans la mesure où sa vocation de buvard parfait est d'absorber tout ce qui y entre (matière et lumière) sans en restituer une miette.

trous noirs émettent un flux thermique de particules et qu'ils s'évaporent de ce fait. Il en a ainsi fait des astres rayonnants, au prix toutefois d'un certain ésotérisme.

On peut atteindre la compréhension de leur rayonnement paradoxal en passant sous un portique assez large pour que s'y croisent, portées par les caravanes relativiste et quantique, les deux icônes de la physique moderne : l'horizon gravitationnel et les particules virtuelles. À des fins pédagogiques, convenons de donner de l'évaporation des trous noirs et de l'effet Unruh (le chauffagiste fou), qui lui est souvent associé, une explication rapide, mais approximative, c'est-à-dire modérément fausse.

Déchirures secrètes

Quantique est synonyme de fluctuant. Le dit de la physique quantique/fluctuante est le suivant : dans le vide ordinaire (inertiel), les paires particule-antiparticule peuvent apparaître spontanément, c'est-à-dire sans cause, pendant un bref instant, à condition qu'elles s'annihilent aussitôt, en conformité avec le principe d'incertitude d'Heisenberg. Si l'énergie totale $\pm E$ de la paire créée disparaît sans laisser de traces au bout d'un temps t tel que le produit $E.t$ soit égal ou inférieur à $h/2\pi$, la mécanique quantique autorise son occurrence. La paire est appelée virtuelle, car aucun de ses membres ne se « matérialise » véritablement. Nous croyons nécessaire de le rappeler. D'ordinaire, la particule et son double antagoniste et mortel restent dans le même lit, et ne divorçant point, leur existence flottante se perd dans le vague quantique. Il en va tout autrement au voisinage d'un trou noir.

Imaginez une Alice élastique à souhait, qui se pose sur l'horizon d'un trou noir, au prix d'efforts surhumains, protégée par une combinaison ignifugée, et dotée de surcroît d'un œil si vif qu'elle puisse observer les particules virtuelles, qui pour nous, simples mortels, sont si fugaces qu'elles passent inaperçues. Son corps s'étire, sous l'effet des forces de marée, mais il ne se rompt pas. Les couples de particules virtuelles qui fleurissent dans le vide autour d'elle sont travaillés pareillement par cette force terrible. Elle les voit se rompre, se subdiviser en deux. L'un des membres de chaque paire brisée (antiparticule ou particule) sombre vers le centre alors que l'autre (particule ou antiparticule) s'envole vers l'extérieur, libre de toute attache, il prend son envol et s'arrache aux griffes de l'autre et aux ventouses du trou noir s'il a été produit avec une vitesse suffisante, faisant un pied de nez au principe d'incertitude qui exigeait la disparition de la paire virtuelle au bout du temps E/h.

Dans le cas des photons qui sont leur propre antiparticule, les paires de photons virtuels (de spins opposés) émanant du vide sont pareillement coupées en deux. Lorsqu'un Caïn d'énergie négative tombe dans le trou noir, un Abel échappe au massacre et, s'il en a l'énergie, à la prison du trou noir. L'effet de marée joue le rôle d'agent de séparation. Trivialement, le vide fournit la viande, la gravitation (l'horizon) le couteau. Pour que brille le trou noir, il faut que la force de marée soit supérieure à la force d'attraction électrique entre les paires de charges opposées (dont la distance de séparation est de l'ordre de la longueur de Compton de l'électron, s'il s'agit de paires $e^+ - e^-$). La force de marée (proportionnelle à M/R^3) est plus intense à l'horizon des petits trous noirs, ils ont donc des couteaux plus aiguisés que les gros, ce qui en fait des excellents trancheurs de lard, et explique qu'ils brillent davantage que les gros. Petits trous noirs, fortes marées.

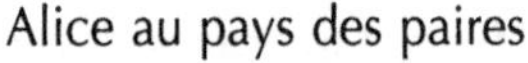

Alice au pays des paires

Alice s'immobilise au niveau de l'horizon d'un trou noir. Le champ gravitationnel est hautement divergent (les lignes de forces ne sont approximativement parallèles que loin de la source du champ). Elle ressent comme un tiraillement, dû aux forces de marée, ses pieds plus près du centre du trou noir sont attirés plus que sa tête. Une paire (α/β : particule-antiparticule, ou inversement) est produite sous ses yeux, α va vers le haut β vers le bas dans le champ gravitationnel. La paire de ce fait est étirée. L'effet de marée est assez fort pour que la paire se déchire, et les deux pôles, ayant rompu les amarres, se fuient à jamais. Ils ne se reverront plus. Faute de s'annihiler ils sont bien forcés de prendre existence réelle. Tel est le miracle de l'incertitude (quantique) et de la force de marée (classique) conjuguées. L'une offre la

matière brute mélangée à son double, l'autre, la séparation,
c'est-à-dire la survie.

Deux ambiguïtés valent mieux qu'une

C'est là une explication plausible, minaude Unruh, qui déteste la mer, mais elle s'appuie sur un effet vulgaire (la marée), qui déprécie le discours. Il a en tête de l'étendre et de le généraliser à des cas où la gravitation et par conséquent la marée sont absentes et où seuls comptent le mouvement pur et l'horizon que suscite la limitation de la vitesse de la lumière. Mise au défi d'expliquer le rayonnement de l'horizon du trou noir sans alléguer la moindre force de marée, Alice, enjôleuse pâtissière, mélange deux ingrédients légers comme des idées.

Le premier est naturellement le vide quantique plein de paires particule-antiparticule virtuelles, on ne saurait s'en passer. Si rien ne se perd ni ne se crée dans le vide, l'énergie est conservée. Aussi, l'un des membres de chaque paire virtuelle qui en émane doit nécessairement avoir une énergie négative. Normalement (Alice veut dire en physique classique), l'énergie négative est frappée d'interdit[12]. Mais exclure les énergies négatives est vieux jeu, car c'est faire l'économie de l'incertitude quantique, précisément, celle qui grève l'énergie est de l'ordre de h/t, aussi une paire virtuelle d'énergie ± E peut-elle exister pendant un temps h/E.

Le second est l'observation selon laquelle, en relativité générale, l'énergie négative et en particulier son signe dépendent du référentiel, et donc du choix de l'axe du temps, qui, comme on le sait, conserve un arbitraire certain

---

12. Le vide étant censé être l'état de plus basse énergie possible, il lui faut un plancher.

car le temps y est le contraire d'absolu[13]. On doit donc faire preuve d'une extrême prudence lorsqu'on parle d'énergie positive ou négative au sujet de paires virtuelles au voisinage d'un trou noir.

Le temps change de signe, mais l'énergie aussi (on connaît leur accointance). De ce fait, une particule (ou antiparticule) virtuelle entrante d'énergie négative vue de l'extérieur aura, vue de l'intérieur, une énergie positive. Le passage de l'horizon fait donc changer de signe l'énergie. Ainsi, dit Alice, selon que l'on se place d'un côté ou de l'autre du miroir, l'énergie est positive ou négative.

Si d'aventure le membre d'énergie négative d'une paire virtuelle passe l'horizon, celle-ci n'est plus condamnée à disparaître corps et bien au bout du temps h/E. Son partenaire d'énergie positive, également « réalisé », parvient ainsi à s'échapper, s'il en a l'énergie. Libre de toute attache, il prend son envol et s'arrache aux ventouses du trou noir. La scène est rejouée mille et mille fois, sans trêve ni repos jusqu'à ce que le trou noir amaigri finisse par disparaître ou se réduire à rien ou presque. Le flot permanent de particules réelles qui émane du trou noir constitue le rayonnement de Hawking.

Cette explication ne manque pas de subtilité, car elle joue sur la double ambiguïté de l'énergie : la première, quantique, autorise l'existence de paires virtuelles et la seconde, relativiste, fait changer de signe l'énergie au passage de l'horizon. « C'est là une belle manière de dire l'effet Hawking, sans invoquer le moindre effet de marée, désa-

---

13. Il existe de nombreuses manières de feuiller l'espace-temps, c'est-à-dire de le débiter en tranches, en surfaces de simultanéité, et aucune, en principe ne doit prendre le pas sur les autres. L'axe qui traverse perpendiculairement ces surfaces de simultanéité est naturellement celui du temps. Il acquiert de ce fait une souplesse d'usage remarquable, qui fait toutefois ombrage à une interprétation unanime des phénomènes.

gréable et douloureux pour celui qui en est victime. Félicitations ! », lance W. Unruh, fair play.

Alice vient de comprendre soudainement le secret du trou noir-lampion. Elle en retire grande fierté et aimerait le confier à tout le monde. Mais elle ne peut se maintenir sur l'horizon et elle emporte son secret dans la tombe car, une fois celui-ci franchi, aucun signal, aucune parole, aucune lumière ne peut filtrer à l'extérieur. Béatrice à son balcon, juchée dans les lointains, ne sait rien de ces déchirures secrètes et, naïvement, elle considère que le trou noir reluit. Et elle se dit parfaitement apte à recueillir ce rayonnement qui, pour elle, présente toutes les caractéristiques de la réalité. Mais il restera magique, elle n'en saura jamais la cause, car elle sera à tout jamais coupée d'Alice hurlant en vain la vérité dans la caverne du trou noir.

Réalisation (création) de particules par un champ gravitationnel

Nous qui avons l'ambition de tout comprendre et revendiquons une certaine hauteur de vue, tyrans qui convoquons et révoquons les Alice et Béatrice à notre guise et en jouons comme de marionnettes, nous voyons les choses du plus haut des cieux, ou des vides, tels des dieux. Nous voulons donner à la paradoxale radiance une explication plus large et universelle.

Les champs sont en général interchangeables : tout champ (macroscopique) crée (au sens où nous l'entendons : réalise) des particules, de la matière. Car l'imposition de contraintes macroscopiques, champ électrique ou gravitationnel (courbure) ou encore horizons, brise les couples (transis d'amour) du vide ou, tels des videurs, ne laisse entrer dans les boîtes que les ondes virtuelles de bonne longueur.

L'effet Casimir est une conséquence directe du fait que des plaques métalliques perturbent le vide électromagnétique interstitiel en brisant sa symétrie, son homogénéité. Si de simples plaques métalliques détraquent le vide des photons, on peut imaginer que la courbure de l'espace-temps ne le laisse pas indifférent. L'effet Hawking dont il est ici question est peut-être l'exemple le plus éloquent de la transmutation du concept de vide électromagnétique dans les champs gravitationnels forts.

En toute hypothèse, un effet semblable à l'effet Schwinger devrait se faire jour lorsqu'on remplace le champ électrique par un champ gravitationnel. La gravité cependant ne jouit pas de la bipolarité qui est la marque de l'électricité : nous n'avons que des particules de masse positive et pas de particules de masse gravitationnelle opposée. Il n'y a que des masses positives, mais l'horizon tranche et tranchant il brille. Tout horizon devrait briller sans être éclairé. Avant de nous endormir sur cette belle idée, à l'heure de la camomille, rendons une dernière visite à Béatrice.

Les deux visions

Un astre massif a dissimulé son retrait sous un leurre perpétuellement brillant. Pour Béatrice, la formation de l'horizon prend un temps infini et celui-ci rayonne sans fin. Il en va différemment pour Alice, qui a une tout autre notion du temps. Chacune a son propre temps ou, si l'on préfère, son temps propre. Attachée au cœur de l'étoile et tombant avec lui, « comobile », elle ne perçoit aucun horizon et par conséquent aucun rayonnement.

Tout tient, en définitive, à la présence de l'horizon (pour Béatrice, la non-Inertielle) et à son absence (pour Alice, l'Inertielle), donc, en dernier ressort, à la relativité générale, qui associe l'Inertie à la chute libre et identifie les masses inerte et pesante.

En effet, selon la relativité générale classique, un observateur chutant de conserve avec la matière passera à travers le rayon de Schwarzschild, au bout d'un temps fini. Cet intervalle temporel mesurable, lu à la montre d'Alice, correspond à un intervalle de temps infini lu à celle de Béatrice. Et ce que voit briller Béatrice ne brûle pas les ailes d'Alice qui s'en rapproche dangereusement ! Alice devrait voir en un court laps de temps ce que Béatrice verra au cours de toute sa vie (fût-elle infinie). Dans la mesure où les temps propres des observatrices sont notoirement différents, il est vraisemblable qu'elles n'enregistrent pas les mêmes distributions de particules.

Pour qui veut bien y aller voir de plus près, lorsque Alice tombe en direction de l'horizon, elle est *blueshifted*, (victime d'un décalage vers le bleu par rapport à l'horizon), et aussi bien le détecteur de particules dont elle dispose. Cet instrument ne peut enregistrer de particules dont la longueur d'onde est plus grande que lui ; sinon, il serait à l'intérieur des particules, ce qui serait un comble ! Ainsi Alice sera-t-elle incapable de consigner tous les photons créés (sur/par l'horizon). Bref, le nombre de particules et leur distribution d'énergie ont un sens différent pour A et B, car il dépend de leur temps propre. L'observateur tombant n'est pas sensible aux particules dont la longueur d'onde est plus grande que lui et de ce fait il échappe à la plupart d'entre elles.

Les yeux d'Alice ne voient pas le même spectacle que ceux de Béatrice. La raison vacille. Laquelle des deux est dans l'illusion ? Laquelle est dans le vrai ? Nous ne pouvons répondre immédiatement à la question. Il faut au préalable convoquer un troisième pantin, cette âme damnée d'Unruh, qui devrait les mettre d'accord et permettre de séparer le bon grain du réel de l'ivraie de l'imaginaire.

Particules, spin, champ

Faisons le point. Comment définissons-nous les particules ? Elles sont rapportées aux divers types de champs dont elles sont comme les fleurs, ce sont les *excitations* des champs, disent les physiciens : scalaire (spin 0), spinoriel (spin 1/2), vectoriel (spin 1) et tensoriel (spin 2). Le champ scalaire est le plus simple du monde. Dans l'espace-temps plat, nous avons coutume de décomposer le champ en ondes de fréquences positives et négatives par rapport au temps, t. Mais dans l'espace-temps courbe, il n'y a plus de choix unique de la coordonnée de temps, il n'y a plus non plus de définition unique du vide et des particules.

Malaise dans la civilisation de la courbure

Il est particulièrement perturbant de remarquer que le vide quantique, antichambre de la réalité, perd sa propriété d'unicité dans l'espace-temps courbe (non euclidien) ou même dans un espace-temps plat (de Minkowski) en interaction avec un champ physique ou géométrique : borné, orienté ou torsadé, le vide n'est plus le vide... Il se clive en de multiples vides, d'égale dignité.

Pris en tenaille dans un champ macroscopique, le vide se revêt d'ambiguïté. Car si l'espace-temps n'est point plat, le choix de l'axe du temps est arbitraire (c'est un principe essentiel de la relativité générale). Et si le temps perd son unicité, le vide la perd également.

« Nu », libre et sans entraves, le vide se laissait caresser par la pensée unique (unitariste) dans l'espace « droit », car le temps ne souffrait d'aucune ambiguïté. Mais les façons de définir le temps et avec lui le vide et donc les particules se multiplient en espace-temps courbe ou en présence d'un champ macroscopique qui polarise (oriente) le vide, le clive et le déchire intimement.

Petit affolement bien compréhensible

Comment allons-nous continuer à faire de la physique avec des particules aussi peu fiables, fluentes et évanescentes, aussi peu sûres ? Et avec un vide si fantasque ? Ce qui est vide pour l'un ne l'est pas pour l'autre. Le vide devient relatif. Pire, ce qui est particule (antiparticule) virtuelle pour l'un est réel pour l'autre. Cette relativité du vide et de la réalité est fort éprouvante. Ce qui nous sauve de la folie, c'est que nous détectons des particules dans notre région plate, où la gravité est faible, très faible même, et où la notion de particule est nette, où tout redevient clair et distinct, cartésien, en somme. Il n'y a donc pas d'ambiguïté sur la définition des particules loin du trou noir... à l'infini.

Observateur accéléré

Pour les besoins de la démonstration, nous allons donc introduire un nouveau personnage, Céline, émissaire d'Unruh, intermédiaire entre Alice et Béatrice. Comme cette dernière, Céline conserve une position fixe vis-à-vis du trou noir : elle est accélérée (sinon elle tomberait), mais à la différence d'elle, elle ne s'en tient pas « infiniment » éloignée. Comme Alice, Céline éprouve les effets du champ gravitationnel intense qui règne à proximité de l'objet. Céline est un observateur accéléré en suspension au-dessus du trou noir.

Horizon d'une particule accélérée
(clin d'œil aux aficionados)

Imaginez, pauvre Pierrot, qu'on vous jette dans un univers vide sans Lune, ni Terre, ni étoile, fixe et figé de surcroît. Privé de gravitation et d'expansion, son espace-temps serait d'une platitude désolante. Vous voilà donc lâché dans un espace-temps de Minkowski, somme toute assez semblable à celui de votre vie quotidienne, mais débarrassé de tout objet, planète, et astre. Vous avez un moteur dans le dos et vous êtes libre de votre vitesse. Si vous choisissez de vous propager à vitesse constante, tout événement qui se produit dans cet univers triste et plat vous sera finalement observable parce que le cône de lumière avant (pointant vers l'avenir) de cet événement coupera votre ligne d'univers. Par contre, si vous décidez d'accélérer, les cônes de lumière de certains événements et votre ligne d'univers ne se rencontreront jamais. Dans ces conditions, vous aurez engendré un horizon (d'événements), représentant une limite au-delà de laquelle les événements ne sont plus observables. Vous aurez beau accélérer, vous n'atteindrez jamais la vitesse de la lumière, mais vous pourrez vous en rapprocher indéfiniment[14].

Dans votre référentiel apparaît un horizon, une frontière, qui ressemble à l'horizon d'un trou noir, on l'appelle un horizon de Rindler. Et celui-ci coupera en deux les paires virtuelles... et vous le verrez briller.

---

14. Sur un diagramme espace-temps, votre trajectoire sera une hyperbole qui tend vers une ligne inclinée à 45° (trajectoire de la lumière). Un événement dont le bord du cône de lumière se confondra avec cette asymptote ne pourra jamais être observé.

Unruh, le chauffagiste fou

En 1976, Unruh a découvert que le vide de Minkowski ou vide inertiel, c'est-à-dire l'état quantique associé à l'inexistence de particules réelles pour un observateur fixe ou en mouvement rectiligne uniforme, laisse place à un bain thermique de particules de température $T_U = g/2\pi$, si l'observateur est uniformément accéléré. Dans cette minuscule formule, g est l'accélération propre du détecteur. Ainsi, une simple accélération suffit à réchauffer l'atmosphère ! On rêve ! Mais si tel est le cas les effets Hawking et Unruh sont apparentés. Qui comprend l'un comprend (peut-être) l'autre, car ils ont des points communs, et non des moindres :

1. La clé des effets U et H est l'accélération de l'observateur.

2. Un horizon borde l'espace-temps de Minkowski, et le sépare en une partie observable et une partie inobservable. Les observateurs accélérés, en raison de la présence de cet horizon, n'ont accès qu'à une partie de l'information accessible dans son entièreté à l'observateur inertiel, c'est-à-dire à des demi-paires virtuelles.

Ainsi, les mécanismes qui donnent naissance aux températures d'Unruh et de Hawking peuvent être décryptés en analysant en détail les rapports du vide (quantique) et de l'horizon (relativiste) ou, plus particulièrement, la production de paires particule-antiparticule virtuelles entrecoupées par un horizon, qui, en dernier ressort, est imposé par l'intransigeante limitation de la vitesse de la lumière. Un objet qui tombe dans un trou noir voit tendre sa vitesse vers celle de la lumière aussi bien qu'une particule subissant sans discontinuer une accélération constante. L'horizon est le point où $v = c$.

Vision tranchée

Mettez un chat sur un moelleux coussin, il ne tardera pas à ronronner. Posez délicatement un trou noir de belle taille sur un espace-temps plat, il creusera son oreiller et se mettra à rayonner doucement, comme une braise, lançant autour de lui un rayonnement de température caractéristique $T_H = g/2\pi$. g désigne, notez-le en passant, aussi bien la gravité que l'accélération de surface. Cela fait lien entre effet Unruh et Hawking.

La température de Hawking, T_H est une semi-abstraction : c'est la température du rayonnement telle que la mesure un observateur asymptotique (posté à une distance formellement infinie). La température locale (sur le lieu), mesurée à distance finie du trou noir, sera généralement plus élevée. Elle dépendra de l'état de mouvement de l'observateur qui effectue la mesure. Par exemple, la température mesurée par un observateur qui reste à distance fixe du centre du trou noir (observateur accéléré) sera nécessairement supérieure à la température mesurée par un observateur en chute libre à la même distance (observateur Inertiel).

La raison de cette différence de température réside dans l'acception *quantique* du Vide qui n'est plus le total indifférent que suppose le classique.

Création de particules et forces par le vide taquinées

Illimité et isotrope, par nature, le vide ne concède d'ordinaire aucun privilège de direction ou de longueur (énergie). Le vide libre est sans bord, ni axe, ni longueur. Toute atteinte à ses belles symétries et toute limitation de son espace vital se soldent par une réaction vive d'irritation, que l'on peut interpréter, plus positivement, comme une création de particules. Dynamique, il a les nerfs à vif et répond du tac au tac à la moindre provocation. Imposez-lui un champ électrique, un horizon qui coupe l'espace-temps en deux, dressez parallèlement deux parois dans le vide pour en enfermer une partie, cela le mettra en rage. Ses réactions sont parfois étonnantes, caractérielles : jaloux de son intégrité, il ne reste jamais indifférent aux agressions externes.

L'imposition de limites et d'horizons suscite une réaction expressive s'il en est : il laisse alors entrevoir à quelques privilégiés ses œuvres secrètes. Tout semble se résumer à ceci : introduire une échelle de longueur, acte géométrique par excellence, une limite spatiale, induit une réaction physique du vide quantique, qui se solde par l'apparition d'une force ou d'un flux de particules (effets Casimir et Unruh-Hawking).

L'effet Casimir est largement étudié, mais à lui seul il est insuffisant pour résoudre l'énigme de la radiance des trous noirs. Les tests expérimentaux en laboratoire de l'effet Unruh, car certains doutent encore de sa réalité, constitueraient, de ce fait, une confirmation indirecte de l'effet Hawking. Ils nécessitent des accélérations encore extravagantes, mais le jeu en vaut la chandelle. Dans l'attente de la révélation de l'effet Unruh, nous resterons au régime sec de la seule cohérence théorique, faisant contre mauvaise fortune bon cœur et chercherons toujours davantage à économiser les mots.

Généralissime

Peut-on déduire un principe encore plus général des considérations précédentes ? Oui : tout se passe comme si les variations importantes de la métrique (plus précisément les dilatations du temps) avaient pour effet l'émergence de particules « réelles ». Ainsi nous sommes-nous donné une image relativement simple de la manière dont les particules sont créées par une altération de l'espace-temps, tronçonnage ou courbure.

Ange en feu

Enfin, pour répondre une fois pour toutes à la question cruciale de la réalité et de l'illusion du rayonnement de l'horizon, ou du rayonnement de l'accélération, il s'avère pertinent de transposer la description d'Unruh à un trou noir de bonne taille : dans ce contexte, l'observateur Inertiel, c'est Alice (en chute libre), et l'observateur accéléré, c'est Céline, notre nouveau personnage, qui se maintient en place, contre vents et marées, juste au-dessus de l'horizon du trou noir. Elle est accélérée car, pour éviter la chute, elle fait usage d'un moteur.

L'accélération produit des effets particuliers, si bien qu'un observateur accéléré voit un vide différent et des particules de connotation plus réelle qu'un observateur au repos (dans l'espace-temps de Minkowski) ! Virtuelles pour Alice, la moitié d'entre elles devient réelle pour Céline et Béatrice. On est bien forcé d'en conclure que lorsque l'observateur Inertiel (Alice) se gèle à 0 degré Kelvin ou presque, en tombant dans le vide glacé, Céline (observateur accéléré) cuit (réellement !) à une température proportionnelle à son accélération.

Pauvre Céline ! Même si elle parvenait à se maintenir juste au-dessus de l'horizon, au prix d'une consommation démentielle d'énergie, elle serait proprement et simplement désintégrée, car traversée par un flux intense de particules de haute énergie, ex-particules virtuelles, livrées en abondance par le vide quantique et déliées par l'horizon.

Quant à Béatrice, la toute divine, elle se prélasse hors de danger, haut dans le ciel, car elle ne reçoit que des rayonnements inoffensifs et caressants, attendris par le décalage gravitationnel.

Complémentarité II

Réconciliation générale : tout finit par des chansons ! Sur une note résolument positive, les descriptions du même phénomène que donnent Béatrice, Céline et Alice, respectivement statiques lointaine et proche et plongeante, sont totalement différentes mais tout aussi légitimes ; on peut ainsi les dire complémentaires. Il convient toutefois de rester sur une ligne de pensée et une seule, de n'écouter qu'un seul locuteur, et de ne jamais mélanger les langages sous peine de graves incohérences.

Interrogation sur le réel et le virtuel

Toutefois, l'irritation mentale, voire la colère, ne s'éteint pas. Après avoir pris connaissance des étranges travaux de W. Unruh, nous ne pouvons résister à l'idée que le caractère virtuel ou réel des particules élémentaires dépend de l'accélération de l'observateur. Un observateur uniformément accéléré peut percevoir des particules comme réelles et les mesurer en tant que telles, alors qu'un observateur inertiel (non accéléré) jurerait qu'elles sont virtuelles et ne les détecterait point. Cela peut sembler fort étrange et c'est en vérité un sujet très controversé, mais c'est aussi le passage obligé vers une théorie quantique de la gravitation. Encore n'en avons-nous donné qu'une version forcément édulcorée.

Anti-Einstein

Bref, si tout cela est vrai[15], on est bien forcé d'admettre que le caractère réel ou virtuel des particules élémentaires dépend de l'observateur, ce qui leur enlève une bonne part de leur pertinence. Foudres d'Einstein ! Ainsi, la « réalité » semble dépendre de l'état de mouvement de l'observateur, ce qui lui aurait été intolérable, car totalement contraire à sa démarche. Toute sa volonté, en effet, fut tendue dans le but de trouver des expressions covariantes des lois de la physique, c'est-à-dire valables aussi bien pour des observateurs inertiels (de vitesse constante) qu'accélérés (de vitesse croissante ou décroissante).

Sommeil dogmatique d'Einstein

Le maître de la relativité, dans la grande quiétude de son classicisme, dormit, c'est heureux pour lui, sur ses deux oreilles. Car il haïssait tout autant les particules virtuelles que les trous noirs. Les niant tous ensemble, son esprit resta bien à l'écart des affres du trou noir quantique dans lesquelles nous sommes précipités. Il fallut attendre Hawking, courageux et d'esprit assez vaste, pour embrasser

---

15. Certains en doutent encore : en dépit du fait que l'effet U peut être rigoureusement déduit de la théorie quantique des champs, l'aspect très technique des calculs ainsi que l'apparence paradoxale des résultats ont laissé une partie de la communauté sceptique jusqu'à présent.

les deux physiques ennemies, briser le noir secret des trous et faire jaillir l'oxymore du trou noir rayonnant qui fond dans la main.

Amaigrissement rayonnant

Afin de préserver l'énergie totale, la particule qui tombe dans le trou noir doit avoir une énergie négative (du moins pour l'observateur extérieur posté dans le lointain). Et, de fait, le trou noir auquel s'additionne une énergie négative perd de la masse, et comme le rayon de son horizon est proportionnel à celle-ci, il se contracte, s'échauffe et brille davantage. Et sa masse fond d'autant plus rapidement qu'il est petit. Il s'amenuise jusqu'à disparaître totalement[16]. Ainsi parlait le Zarathoustra de Cambridge et, sur le fond, il n'a point été contredit. Mais jamais personne, malheureusement, n'a encore administré la moindre preuve expérimentale de ses allégations, qui de surcroît mettent en danger la mécanique quantique dans ce qu'elle a de plus spécifique : la préservation de la somme des probabilités, ou si l'on préfère la conservation de l'information. Chasseurs de papillons gamma à vos filets ! Pas vus ! Est-ce à dire qu'ils sont rares ou, pis, inexistants ? Nos détecteurs ont été jusqu'ici insuffisants pour tirer une conclusion claire, mais la nouvelle génération de télescopes gamma (AGILE, FERMI) devrait scruter le ciel avec un œil plus exigeant.

---

16. Hawking en donnait jusqu'à très récemment sa main à couper, mais il a évolué sur la question. Des contradicteurs ont fait valoir qu'un infime résidu d'un centième de millième de gramme ou peut-être moins, une poussière, un microscopique ossement, subsiste finalement.

Trou noir normand

Ainsi, tout n'est pas rose au pays des trous noirs chantants. Le danger de perte de l'information quantique dans le contexte de l'évaporation du trou noir demeure le sempiternel problème de la physique gravitationnelle. On aimerait savoir si l'information initialement engloutie dans le trou noir redevient disponible après évaporation complète, et, si tel est le cas, par quel mécanisme elle est restituée. L'oscillation des esprits sur ce problème épineux est telle que nous trouvons sage de suspendre notre jugement, en attendant de meilleurs jours.

Vide en fermentation, horizon en effervescence

Mais l'astrophysicien se lasse de ce discours abstrait. Il a des fourmis dans les ailes. Que va-t-il retenir du commerce du vide (quantique) et de l'horizon (relativiste) avant de partir en campagne ?

1. Les trous noirs rayonnent parce que le vide quantique effervescent crée et annihile en permanence des paires virtuelles (particule + antiparticule) que leur horizon tranche en deux, du moins est-ce la version officielle. Mais on peut se demander si « rayonnement du trou noir » est la bonne locution, en effet, le vide apporte ses paires virtuelles, et l'horizon du trou noir les dévirtualise, si j'ose dire, en les coupant en deux. C'est par conséquent le vide qui rayonne ou, plus précisément, qui « réalise » ses propres particules (s'actualise) tout autour de l'horizon. Pour résumer, le mécanisme de production de particules (émission) est la conversion incessante des fluctuations quantiques

(paires virtuelles) en particules physiques, ou si l'on préfère la réalisation de la moitié des particules virtuelles, celles qui échappent aux griffes du trou noir.

2. Ce que l'un, accéléré, voit comme particules réelles, l'autre, inertiel, le conçoit[17] comme particules virtuelles (fluctuations quantiques). La définition même de l'état de vide, et des particules qui en sont les excitations, les irritations, les débordements, dépend par conséquent de l'état de mouvement (inertiel ou accéléré) de l'observateur. Telle est l'essence des effets Unruh et Hawking qui ont défrayé la chronique.

Serment de cœur

Courage ! L'esprit rayonnant de noir, nous allons poursuivre sa quête sur la Terre, dans le ciel et jusque dans l'arrière-monde des cordeliers. Nous ne connaissons pas le résultat d'avance, mais s'il est positif, il vaudra certainement le prix Nobel à Hawking, qui le mérite bien. Une fastueuse moisson se prépare ou au contraire une déconvenue de dimension sidérale. Car voici venir le temps où la prophétie des trous noirs rayonnants se verra justifiée ou discréditée.

---

17. En fait, ne le voit pas car les particules virtuelles, par définition, sont insaisissables.

CHAPITRE 5

THERMODYNAMIQUE DU TROU NOIR

*Coucher d'astre
dans le ciel de la connaissance (expérience de pensée)*

Penchée sur son balcon en ciel, spectatrice dans le lointain, Béatrice assiste béate à l'engloutissement d'un grand astre sous son propre poids. Il brillait comme des millions de soleils et s'est épuisé à conserver son éclat. Voici sa fin venue, il a brûlé jusqu'à ses cendres. À la fin de l'acte, elle s'attend à le voir disparaître et tirer sur lui le grand rideau du noir, comme quand vient la nuit. Mais ce simulacre de coucher de soleil se prolonge indéfiniment et, à son grand étonnement, l'astre ne s'éteint pas. Au lieu de s'assombrir, le ciel dans sa direction s'illumine. Elle voit émaner de lui un flux de lumière. Ce rayonnement persiste et acquiert un caractère thermique de plus en plus accusé. L'étoile renaît. Du moins, c'est ce qui semble à notre héroïne. Finalement, lorsque l'horizon se forme, le rayonnement fait la roue et accuse un spectre d'étoile magnifiquement chaleureux.

Étymologie noire

La géométrie en cornet de l'espace-temps, telle qu'on la représente aux étudiants, ne fait qu'ajouter à l'impression perçante de trou. Qualifiant le produit fini de l'évolution des étoiles, le cœur tendre de la réalité (car il n'est point solide), le terme « trou noir » est relativement adapté. La qualification de « noir », dans l'acception physicienne, nous mène directement au « corps » éponyme. La dénomination « corps noir », datant des années 1890, servait en effet en physique à désigner un objet idéal qui absorbe tout le rayonnement qui tombe sur lui et qui le réémet au rythme maximum et à une température donnée. Le corps noir est un absorbant parfait et un émetteur inégalable.

Le trou noir classique (c'est-à-dire non quantique) est un corps à demi noir : il absorbe tout ce qui tombe sur lui, mais n'émet rien en retour. Le trou noir quantique (rayonnant) ne se contente pas, quant à lui, de recevoir ; il donne également et se rapproche ainsi considérablement du corps noir à part entière, car il émet un spectre thermique identique au sien, toujours selon le grand éclaireur Hawking. Cette grande illumination traversera tout le livre.

Température des objets rayonnants

Le regard extasié de Béatrice reste fixé sur l'horizon et sa ligne brillante, étoile d'éternité. Qu'est-ce qui différencie radicalement le trou noir rayonnant d'une l'étoile réelle ? Le premier est en effondrement interne, mais nul ne peut le deviner s'il n'est physicien. Il porte la chute en lui, mais sa face est sereine. La seconde, tout au contraire, manifeste toute la complexité de sa vie intérieure en faisant remonter vers la surface des messages complexes, des bulles de gaz chauds chargées de champ magnétique, alors que le trou noir, rengorgeant toute sa richesse interne, ne sait s'exprimer que par trois lettres majuscules (M, J, Q). Il tend vers un état stationnaire. Il est légitime de se représenter l'accession à cet état admirable comme analogue, pour un système banal, au couronnement de l'équilibre thermodynamique. On voit ici poindre la notion de température de l'horizon, qui prélude à la notion de rayonnement du trou noir, dont Hawking a eu l'étincelle. Jamais il ne se retire dans la splendeur du noir. Il se cache sous sa cape de radiance.

Dans les deux cas, la description gagne énormément en simplicité. Un gaz en équilibre thermodynamique se laisse caractériser par trois données : sa température, son volume et son nombre de particules. Trois données (M, J, Q), pareillement, suffisent à brosser le portait d'un trou noir. Trous noirs et gaz chauds sont, en apparence, les objets physiques les plus simples du monde. La masse des premiers et la température des seconds suffisent à caractériser leurs propriétés essentielles. C'est en cela que se rejoignent les notions de corps noir (approprié à l'équilibre thermodynamique) et de trou noir (approprié à la gravitation).

Toi, le gaz, dis-moi ta température, je te dirai la quantité et la qualité de ta lumière, je te dirai combien tu brilleras et comment. Dis-moi ta masse, je te dirai ton rayon, toi, le trou noir. Et pris d'une folle audace, on est prêt à se hasarder : dis-moi ta masse, je te dirai ta couleur et l'intensité de ta lumière. Ce qui revient à assimiler le trou noir à un système thermodynamique, à une sorte de gaz. De quoi ? Personne ne le sait.

Le plus beau corps noir céleste
(2,73 K du soir au matin)

Toi l'Univers dis-moi ta température, je te dirai ton âge... J'interromps un moment le discours pour vous présenter le plus beau des corps noirs en vous priant d'accepter cette carte postale expédiée du fond des temps.

WMAP

La nuit n'est noire que pour notre œil, éduqué par le Soleil. C'est notre regard qui est obscur. Le ciel brille dans l'invisible. La Terre est caressée par une brise de photons surannés qui émanent du plus lointain passé. Ces messagers de l'origine nous arrivent en permanence et en toutes directions.

Ce rayonnement exceptionnellement onctueux marque le temps où la matière s'est séparée de la lumière, la laissant libre de se propager. En contrepartie, la matière a acquis la liberté de se structurer et former des galaxies. Auparavant les électrons étaient libres, et la lumière prisonnière, tout comme dans le Soleil. Sous l'effet du refroidissement de l'Univers induit par l'expansion de l'espace, ces électrons s'attachèrent aux noyaux d'hydrogène et d'hélium engendrés par le big-

bang. Et à partir du moment où ces geôliers de la lumière furent eux-mêmes incarcérés, la lumière fut libérée. Aube cosmique : l'Univers devint transparent à sa propre lumière...

Le rayonnement cosmologique fossile (ci-dessus) porte témoignage sur l'état de nature en ces temps reculés de 13 milliards d'années. La longueur d'onde de cette radiation, émise dans le visible (à 3 000 K), a été distendue par l'expansion de l'espace, et elle nous arrive sous forme micro-onde. Glacée (2,73 K), elle grelotte à présent à l'oreille de nos satellites et radiotélescopes.

Le fait que la température caractéristique de ce rayonnement soit la même à un cent millième près, quelle que soit la direction dans laquelle on l'observe, implique que des régions actuellement si éloignées qu'elles ne peuvent être mises en contact physique par la lumière, ou une quelconque interaction, furent jointives au commencement de l'histoire et qu'elles furent rejetées à des distances cosmologiques par une frénétique expansion primordiale, appelée inflation cosmologique. Cette inflation est responsable, par le fait, du caractère euclidien (plat) de l'espace.

Mais, l'uniformité n'est pas totale et de vagues îles se dessinent sur la carte de l'arrière-ciel. N'est-il pas émouvant de voir les premières formes se détacher sur un substrat indifférencié ? Les graines, les semences, des futures galaxies se laissent ainsi entrevoir, fluctuations quantiques du champ responsable de l'inflation. L'étude granulométrique de cette carte du fond de ciel, plus précisément de ses fluctuations de température (anisotropies), est devenue un thème central de la cosmologie. On en retire des informations de premier ordre, telles la densité moyenne de l'Univers et la proportion des différentes composantes de la matière-énergie (matières baryonique et non baryonique, énergie noire) ainsi que le spectre (répartition en taille) des fluctuations de densité que l'on met en rapport avec la distribution de l'envergure des galaxies.

En tant qu'astrophysicien je n'ai pu renoncer au plaisir et à la fierté de partager la beauté du fond du ciel. Mais revenons à nos (petits) moutons. Trous noirs et Univers présenteraient, au premier coup d'œil, un spectre thermique. Ainsi pourrait-on assigner une température ces « objets » cosmiques.

Entropie, vite sur le gaz

Ouvrez le gaz. Sa thermodynamique repose sur la spécification de trois variables, le volume, la masse de gaz infusée et la température de l'enceinte, qui à l'échelle microscopique déterminent respectivement l'espace offert aux particules constitutives, leur nombre et leur énergie cinétique moyenne.

La physique *statistique* (des particules en grands nombres) est d'abord parvenue à interpréter à l'échelle microscopique les *concepts* de la thermodynamique et à en expliquer les *principes* généraux, c'est-à-dire la liaison logique de ces concepts ou « lois ». Ainsi la *pression et* la *température*. La première s'identifie à une force exercée par les particules sur les parois en raison de leur mouvement et de leur choc. La seconde est la manifestation à notre échelle de l'agitation (thermique) désordonnée des particules, et la chaleur mesure l'énergie cinétique (de mouvement) associée. L'obscure chaleur prend alors une signification on ne peut plus simple et le premier principe, un tour purement *mécanique* : il résulte de la conservation à l'échelle microscopique de l'énergie des particules, rien de plus[1].

-----

1. Ceci a quelque chose de bien étonnant : « La microphysique est discontinue, probabiliste, linéaire, réversible, alors que la physique macroscopique qui en découle est continue, déterministe, non linéaire, irréversible, s'exclame Roger Balian. C'est la compréhension de la remarquable émergence de tels comportements nouveaux qui rend si fructueux le réductionnisme. »

Il existe une quantité gigantesque de *configurations microscopiques*, notée W, compatibles avec les conditions physiques imposées, qui ne diffèrent que par d'infimes détails entre *positions* et *vitesses* des nombreuses particules en mouvement incessant. Ces données microscopiques, bien plus nombreuses encore que les particules elles-mêmes, sont *inaccessibles*. Nous ne savons pas quelle configuration particulière (caractérisée par la position et la vitesse de chacune des N particules) adopte le système dont les variables thermodynamiques sont fixées, connues ou mesurées. Il est dès lors naturel de recourir à la méthode *statistique* en affectant à chacune des W configurations la même *probabilité* 1/W. La physique *statistique* ouvre alors la porte à la théorie *probabiliste*.

Les probabilités sont *multiplicatives*, mais Boltzmann[2] trouva saillant que les entropies fussent *additives*, qu'à cela ne tienne, il écrivit que l'entropie est proportionnelle au *logarithme*[3] *du nombre d'états accessibles. S = k Ln W ; la formule de Boltzmann*[4] a le mérite de clarifier la nature de

---

2. $S = k\ Ln\ W$ est la relation que Ludwig Bolzmann a proposée vers les années 1870 alors que la notion d'état microscopique était encore spéculative, dans la mesure où l'existence des atomes et leurs propriétés n'étaient pas encore fermement établies. W est un nombre, son logarithme pareillement, donc l'entropie est donnée en unités de k (constante de Boltzmann). Le savant autrichien donne donc son unité à l'entropie. Toute la pensée de Boltzmann repose sur un axiome : *étant donné un système physique isolé, il se trouve avec des probabilités égales dans chacun de ses états possibles.* Les états sont définis par la position et la vitesse (énergie cinétique) de chaque particule (atome, molécule) constitutive.

3. Log (a.b) = log a + log b. Le nombre k de Boltzmann est petit, très petit...

4. Logarithme népérien, logarithme à base 10 ou à base 2, qu'importe, c'est une question de convenance et de commodité. Faut-il graver la formule de Boltzmann $S = k\ Ln\ W$ sur les tablettes, au côté des équations relativiste et quantique de l'énergie $E = mc^2$ et $E = hv$? Peut-être est-ce prématuré car la seconde loi de la thermodynamique, depuis sa naissance n'a cessé de susciter des efforts de clarification. L'incapacité manifeste de la communauté scientifique d'atteindre un consensus sur la formulation et le sens de cette vénérable loi est proprement

l'entropie, dont la thermodynamique s'était contenté de postuler l'existence et de ramener son calcul à un simple *comptage* du nombre d'états accessibles au système dans des conditions spécifiées.

Le logarithme de 1 étant égal à zéro, S vaut zéro quand il n'y a qu'un seul état possible (W = 1). Le système est alors parfaitement *ordonné* et parfaitement *connu*. Il est *certain.* Plus W est élevé, plus les états *possibles* prolifèrent, et plus on balance sur l'état microscopique *réel* du système. L'entropie est donc identifiable à l'inconnaissance ou à la désinformation.

Trou noir et machine à vapeur

L'examen systématique des solutions des équations d'Einstein a culminé dans la formulation d'un certain nombre de lois empiriques de la thermodynamique des trous noirs. Par exemple, J. Bekenstein et S. Hawking ont noté une correspondance entre le rôle joué dans la première loi de la thermodynamique par la gravité de surface et celui de la température. Les lois de la mécanique des trous noirs ressemblent à s'y méprendre aux lois classiques de la thermodynamique si l'on remplace « surface de l'horizon » par « entropie » et « gravité de surface sur l'horizon » par « température ». J. Bardeen, B. Carter et S. Hawking, travaillant au corps les équations, n'y ont vu qu'une analogie formelle, mais J. Bekenstein a été plus convaincu de la réalité profonde de cette connexion. Au bord du précipice

---

surprenante. On s'étonne, vu la confusion, d'entendre çà et là que la *seconde loi de la thermodynamique*, relative à l'*entropie*, est le chef-d'œuvre absolu de la physique du XIXᵉ siècle, logique, parfait et inaltérable, tant l'entropie souffre d'une réputation d'obscurité. Des voix s'élèvent, en effet, pour dénoncer le caractère *subjectif* du concept.

intellectuel, toutefois il a hésité et n'a pas osé gratifier les
trous noirs d'une température concrète et donc d'un rayonnement véritable. Et c'est Stephen Hawking qui a franchi le
pas, troquant la friable relativité classique pour la ductile
gravité (semi-)quantique.

Lois de la mécanique des trous noirs

Selon la relativité générale, les trous noirs statiques
sont pleinement caractérisés par trois nombres, et trois
seulement : masse, moment angulaire et charge électrique.
Voilà qui suscite dans notre esprit une réminiscence : les
propriétés macroscopiques qui peuvent être décrites, de la
même manière économe, par seulement quelques variables
comme l'énergie, le volume et le nombre de particules. Gra-
vons : il existe des lois de la mécanique des trous noirs ana-
logues à celles de la thermodynamique. La température est
proportionnelle à la gravité de surface et l'entropie à l'aire
de l'horizon du trou noir.

Entropie et quart de brie

Hawking a proposé une formule particulièrement élégante de l'entropie intrinsèque du trou noir : $S = 1/4\,A$, en unités de Planck. *L'entropie est proportionnelle au quart de la surface du trou noir.* Mais l'analogie entre lois du trou noir et
thermodynamique dépasse la similitude mathématique des
équations.

Revenons sur cette illumination. Selon la théorie classique, la température du trou noir ne saurait être autre que
le zéro absolu. Il se pare d'un noir parfait, son rayonnement est absolument nul. Dans ce cas, la correspondance
entre entropie et température est sans fondement. Mais,
sous le coup de baguette quantique de Hawking, le trou

noir, jusqu'alors Cendrillon sombre, hérite d'une entropie et d'une température. De ce fait, il se pare de rayonnement et brille comme un soleil (ou presque).

Le rayonnement a une forme spécialement simple et familière, correspondant à un corps noir chauffé à une température de $g/2\pi$, où g est la gravité de surface ($g = GM/R^2$), laquelle est l'accélération que confère le champ de gravitation à tout objet qui en est prisonnier. Au cœur du problème est donc l'accélération, nous en sommes maintenant convaincus. L'origine du miracle du réchauffement des objets accélérés ou du rayonnement du trou noir est, en dernière analyse, que la quantification d'un champ opérée par Béatrice n'est pas équivalente à celle qui est effectuée par Alice. Bref, la définition même du vide et des particules dépend du fait que l'observateur est accéléré ou non.

Une longue traîne d'incrédulité

Récapitulons. Jetant une passerelle sur l'abîme qui séparait relativité générale, physique quantique et théorie de l'information, les physiciens ont rendu audible le chaleureux langage des trous noirs quantiques. L'événement mérite d'être célébré, mais la joie est de courte durée.

La manière dont ces lois découlent de la mécanique microscopique (statistique) du trou noir est un profond mystère. Ainsi le contentement aura-t-il été éphémère. Car de nouveaux nuages se pressent déjà à l'horizon. En « thermalisant » le trou noir (1974), Hawking a précipité une crise durable en physique quantique. Selon le fieffé enlumineur, les règles usuelles de la mécanique du microcosme ne s'appliquent en effet pas dans le processus d'évaporation fatale du trou noir. Des herbes urticantes viennent irriter l'âme du physicien. Mais, peut-être, les questions afférentes au rayonnement du trou noir seront-elles aussi fructueuses que celles qui ont poussé à la première révolution quanti-que, axée sur le rayonnement du corps noir.

Q1 : La question se pose naturellement de savoir s'il existe, dans le cas du trou noir, des états microscopiques, élémentaires, dont le logarithme donne l'entropie, comme pour les corps ordinaires et, si tel est le cas, ce que sont ces états.

Q2 : Il convient de comprendre pourquoi l'entropie est proportionnelle non pas au volume du trou noir, comme dans les systèmes normaux, mais à sa surface.

Q3 : La loi de l'aire $S = A/4$ est-elle un universel ? S'applique-t-elle à tous les systèmes qui possèdent un hori-zon, c'est-à-dire au-delà du cas du trou noir, à l'Univers dans son ensemble ? Cette grandiose proposition, appelée *conjecture holographique*, défraie la chronique depuis quel-que temps. Elle fait courir le bruit que le contenu informa-tionnel de notre Univers est inscrit sur un écran bidimen-sionnel qui enveloppe l'espace tridimensionnel comme un horizon cosmologique.

Q4 : Finalement, l'hypothèse que les trous noirs, après avoir absorbé de la matière (et l'information qu'elle porte en elle) se rayonneront eux-mêmes sous la forme de rayonnement thermique (presque) pur à la température $T = \hbar c^3/8\pi GM$ a donné naissance au terrifiant paradoxe de l'information. Il s'exprime habituellement sous la forme suivante : le rayonnement thermique ne contient aucune information sauf celle de la température de la source émet-trice. Si le trou noir s'érode complètement et disparaît, l'information subit-elle le même sort ? Cela pose, *in fine*, la question de la mise en échec de la mécanique quantique par la gravité forte. Car la conservation de l'information est la condition *sine qua non* de la prédictibilité quantique.

La perte d'information dans le trou noir.
Un faux problème ?

Depuis trente ans, la communauté scientifique se divise en deux camps sur la soi-disant « perte d'information » concernant la matière qui tombe dans un trou noir et se voit ainsi privée de tous attributs aux yeux de l'observateur extérieur. L'état initial d'une étoile massive destinée à devenir trou noir au terme de son effondrement est fort complexe, elle est constituée de plusieurs couches différentes de température, pression et composition. À chaque profondeur, des réactions nucléaires sont entretenues par la chaleur, qui engagent des noyaux d'atomes différents, silicium au centre, hydrogène près de la surface. Certaines zones bouillonnent d'autres pas. Il faut beaucoup de mots pour décrire la structure en pelure d'oignon de l'étoile. Mais dans le cœur, le silicium se transforme en fer incombustible. Le cœur métallique refuse de briller. Patatras ! L'étoile s'effondre sous son propre poids, privée du support de la lumière et des électrons, happés par les protons. Les neutrons qui en résultent ne sont pas de force à résister car la pression retourne ses armes et commet un acte de trahison : elle précipite l'effondrement.

Après effondrement total, ne reste, en toute hypothèse, qu'un objet des plus fruste, en apparence, appelé trou noir dont la description tient en trois mots : masse, moment angulaire (quantité de rotation) et charge électrique. Où sont passées les « informations » (paramètres descriptifs) dont la mécanique quantique assure qu'elles sont conservées, car elle prétend qu'il est toujours possible de restituer l'état initial en partant de l'état initial (bref elle suppose la réversibilité des phénomènes). Dans le cas du trou noir, la connaissance des trois attributs M, J, Q ne permet pas de dire quoi que soit de l'état initial complexe, sinon qu'il émane d'un objet de masse M, de rotation J et de charge électrique globale Q.

Les relativistes, avec Hawking à leur tête, ont longtemps pensé que la mécanique quantique cessait simplement d'être pertinente dans les conditions de gravité extrêmes qui marquent le stade final de trou noir et qu'il fallait, de ce fait, l'amender. Tout au contraire, les membres de l'école quantique, physiciens des particules, pour la plupart, tels Leonard Susskind et Gérard t'Hooft, ont au contraire élaboré des modèles complexes pour sauver la mécanique quantique en préservant ce qu'elle avait de plus précieux, à savoir la conservation de l'information, ou plus précisément de la somme des probabilités au cours des processus évolutifs (appelée techniquement « unitarité »). Il n'y aurait tout simplement pas de mécanique quantique si la somme des probabilités des résultats attendus, quelle que soit l'expérience effectuée, n'était pas égale à 100 %. C'est pourtant à cette malédiction qu'est la brisure de l'unitarité qu'aboutit la maladic du trou noir. La guerre fit donc rage entre deux communautés de croyants : les relativistes et les quantiques.

S'il fallait aujourd'hui désigner à la vindicte populaire le voleur d'information, on montrerait du doigt la singularité cachée sous l'horizon du trou noir. En effet, il semble que le problème de la perte d'information provient de la singularité et non de l'horizon. L'horizon est le lieu où l'information disparaît, mais la singularité est l'endroit où elle se perd, si elle est bien conforme à sa définition. La singularité est le lieu où l'évolution devient non déterministe, où se rompt le fil de l'histoire. C'est le point mathématique où tous les états initiaux possibles convergent et dans lequel ils se résorbent et disparaissent. Cela posé en termes classiques. Mais, on peut élaborer, en faisant sauter le verrou du classicisme, un scénario où l'état final est *sans singularité*. Cela, une certaine version de la gravité quantique (gravité quantique à boucles) le laisse pressentir. Aussi n'y a-t-il pas de raison de supposer que l'évolution devrait être non déterministe en fin de carrière du trou noir.

Feu sur la singularité

L'issue finale de l'évaporation sera-t-elle pur rayonnement, perle plus ou moins stable, ou bébé Univers ? Nul ne peut le dire aujourd'hui et les trois options restent ouvertes. Mais, après une errance de trente ans, on commence à apercevoir le bout du tunnel. Et une conclusion semble se faire jour. Dans le cas où la singularité serait éliminée, aucune perte d'information ne se produirait, quel que soit le produit fini de l'évaporation. Bref, la « perte d'information » cesse d'être paradoxale pour ceux qui l'imputent à notre ignorance des processus régis par la gravité quantique. Et c'est seulement dans le cas où la bonne théorie de la gravité quantique (encore à découvrir) n'éliminerait pas la singularité qu'on devrait recourir à des solutions radicales du genre de celles que Susskind propose (principe holographique).

Il est encourageant de constater, dans les cénacles relativistes, que l'un des calculs les plus détaillés du moment, effectué dans le cadre de la gravité quantique à boucles, montre, du moins sur l'exemple étudié, qu'une fois la singularité éliminée, la structure causale du trou noir qui se forme au terme d'un effondrement gravitationnel, puis s'évapore, est celle de l'espace-temps plat (de Minkowski), si bien que l'information circule librement, en fin de compte. La voilà libérée ! Mais la quête n'est pas pour autant achevée. En supposant que la singularité est oblitérée, demeure la question de savoir si l'information contenue dans l'état initial est rejetée à l'infini, ou reste consignée dans un bébé Univers ou une perle de Planck. La première option semble favorisée par le calcul d'Ashtekar *et al*. Reste à comprendre la manière dont l'information accède à la sortie. Et pour ce faire une théorie fiable de la gravité quantique est requise. Un vaste effort reste à effectuer concernant la compréhension du régime de Planck, où l'approximation semi-classique (matière quantifiée, espace-temps continu) cesse de s'appliquer, si l'on veut comprendre les phases ultimes de l'évaporation des trous noirs. Nous en concluons que l'élimination de la singularité s'avérera probablement suffisante pour résoudre le problème de la perte d'information soulevé par Hawking dans le contexte de l'évaporation des trous noirs.

CHAPITRE 6

APPROCHE CORDELIÈRE DU TROU NOIR CHANTANT

La peau et le cœur

Les trous noirs quantiques sont des obélisques dressés entre relativité générale et mécanique quantique. Vis-à-vis de nos sombres objets de désir, deux comportements différents sont possibles. D'un côté campent les optimistes stellaires impénitents, de l'autre les géomètres les plus intransigeants. Le débat entre les deux clans bat son plein et les esprits s'échauffent.

À fleur de peau

Selon Wheeler, les trous noirs sont extérieurement les « objets macroscopiques les plus parfaits de l'Univers », de plus grande idéalité encore que le Soleil et les étoiles. Or l'astre du jour est devenu transparent à la connaissance à partir du moment où nous en avons donné un modèle physico-mathématique. La peau lumineuse du Soleil, ou photosphère, dissimule, nous le savons aujourd'hui, une centrale nucléaire à confinement gravitationnel. Dès lors, est-il indiscret de demander ce qui se cache sous la façade lisse et bien rasée de l'horizon des trous noirs ?

L'attraction gravitationnelle y est si forte que la lumière elle-même ne peut s'en défaire, mais cela ne nous empêche pas de chercher à révéler ce qui se cache à l'intérieur. Rien n'arrête l'esprit inquisiteur de la physique. Si le Soleil est devenu transparent à la raison, le trou noir ne saurait résister bien longtemps ! Le cœur incompréhensible n'empêche pas l'ensemble de fonctionner comme une machine.

En science, allèguent les timides positivistes, la réserve est avantageuse, cependant. Il y a des questions qu'il est prudent de ne pas poser. Ce qui se trame à l'intérieur du trou noir, nous ne le verrons ni ne le saurons jamais, mais cela n'affectera en rien ce que nous pourrons éventuellement observer.

Hommes et dames de cœur

Les géomètres sévères, quant à eux, réprimandent pour laxisme les optimistes stellaires. En 1965, Roger Penrose a prouvé que le centre du trou noir devait être occupé par une « chose » si singulière qu'elle résiste à toute analyse et que nous ne pouvons même pas la penser. Il convient donc avant toute chose de faire sauter le verrou de la singularité centrale, disent les plus radicaux. C'est à cette tâche que s'attaquent la théorie des supercordes et la gravité quantique à boucles.

S'ajoute le fait, peut-être plus grave encore, que la température à proximité de l'horizon est divergente et même infinie sur celui-ci. La théorie quantique des champs en espace courbe, façonnée par Hawking, n'est qu'une approximation d'une théorie de la gravité quantique encore inaccessible. On ne peut donc rien dire de définitif avant d'avoir effacé ces infinis, ces singularités, ce qui occupe bon nombre d'esprits. Mais la guerre est longue contre les infinis. Silence donc, pour l'instant, sur la fin ultime des étoiles massives, le cœur des trous noirs et le début de l'Univers. Le secret final serre la main au secret originel. La fin obscure des étoiles se confond avec l'origine inconnue de l'Univers.

D'autres, à mi-chemin entre optimisme et pessimisme, opportunistes en diable, se disent qu'il serait bon d'aller voir de plus près la cité interdite de Planck. Ils sautent sur l'occasion de s'en approcher jusqu'à la toucher que leur donnent les nouvelles théories physiques alléguant l'existence d'extra-dimensions.

Géométrie galopante

La mise en habit géométrique de la force gravitationnelle en 1915 a donné le coup d'envoi au programme de géométrisation généralisée de la physique. En rendant la courbure de l'espace-temps tributaire de la distribution de la masse, de l'énergie et de l'impulsion, choses matérielles, la relativité générale se rend capable d'incorporer tous les champs. Mais une asymétrie demeure entre le champ gravitationnel et les autres.

$G = M$. Du côté gauche se situe un objet géométrique G, représentant la courbure de l'espace-temps. Du côté droit est posé lourdement le symbole M, représentation mathématique (phénoménologique, non géométrique) des sources non gravitationnelles du champ de gravitation. Ces deux termes de natures fort différentes sont identifiés par le gracieux signe égal.

Tout le sel est dans ce signe. On n'a pas fini d'en débattre dans les cénacles philosophiques. Sous sa forme classique, la relativité générale n'accorde qu'au champ gravitationnel (métrique) une signification géométrique directe, les autres champs physiques résidant dans l'espace-temps, mais n'étant pas l'espace-temps. Le mécontentement d'Einstein contre l'« être dans », qui n'est pas l'« être », est devenu très tôt palpable. L'esprit soucieux d'unification, il ne pouvait se satisfaire de l'existence de deux (types) de champs apparemment indépendants. Il a donc éperdument cherché une théorie dans laquelle les champs gravitationnel et électromagnétique pouvaient être interprétés comme deux composantes (ou manifestations) d'un même champ. Il mêlait la philosophie, la géométrie et la physique d'une manière inconnue depuis Descartes. La théorie gravitationnelle doit être généralisée pour inclure les lois du champ électromagnétique. Ce mot d'ordre allait faire fortune.

Weyl

Extrémiste géométrique, Herman Weyl a déclaré que la géométrie et la physique étaient la même chose, car il avait découvert un principe « transcendant », celui de la relativité des longueurs, qu'il a appelé « principe de jauge ». La matière, avec sa structure corpusculaire, devait se déduire de la géométrie de l'espace-temps. Ainsi se diluait-elle dans la métrique, et rien de substantiel ne demeurait.

Mais, sous les coups de boutoir d'Einstein qui a montré que, selon la théorie de Weyl, le spectre lumineux des éléments chimiques ne devait pas être constant, ce qui allait contre l'observation, il s'est ravisé. Ainsi fut abandonné au berceau le rêve d'une théorie unifiée des champs. Weyl a donné une nouvelle forme à son harmonieuse vision, qui fait florès aujourd'hui : dans les quartiers quantiques, on ne parle plus que de symétrie de jauge, en un autre sens toutefois, mais c'est une autre affaire.

En dépit de l'échec de Weyl, sa tentative d'unification a lancé le programme visant à établir une théorie embrassant la physique non gravitationnelle en généralisant la géométrie de Riemann (courbe). Et déjà, en décembre 1921, l'Académie de Berlin publiait l'article de Kaluza qui proposait une nouvelle unification de la gravité et de l'électromagnétisme sur la base d'une géométrie de Riemann à 5D.

Dimensions cachées

Aujourd'hui, les cordeliers et autres brodeurs d'espaces-temps confectionnent des motifs savants tout en fils et en boucles, et ils attachent mentalement ces breloques à chaque point de l'espace tridimensionnel. Un minuscule au-delà est noué à l'ici-bas. Cette opération ne relève pas véritablement d'un souci esthétique, car le luxe baroque des dimensions surajoutées a pour conséquence l'existence d'une gravité modifiée à petite échelle et l'éclosion de nouvelles particules lourdes.

Extra-dimensions étendues

Ainsi l'espace s'enrichit-il de plusieurs dimensions artistiquement ouvragées. Notre sous-espace 3D n'est qu'un aspect de l'espace global, mais il en fait partie intégrante. Si l'on suppose que certaines particules voyagent dans l'entièreté du volume offert, elles traversent tout naturellement notre espace-temps familier (4D) et y demeurent un certain temps. De ce fait, nous devrions être capables de décrire leurs propriétés et interactions. Et la vision de ces particules doit nous paraître démultipliée si les dimensions supplémentaires sont bouclées.

Particules de Kaluza-Klein

Ce que nous concevons comme une particule unique sans masse (par exemple un graviton) se manifesterait en compagnie d'une légion de ses semblables, tous plus massifs les uns que les autres. On le comprend en combinant trois arguments.

1. L'introduction d'une dimension supplémentaire équivaut du point de vue de l'observateur à l'attribution d'une masse à ce qui n'en avait pas : $0 = E^2 - P^2 - p^2$. Les deux premiers termes correspondent à ce que nous appelons masse. D'où $M = p$ (en valeur absolue).

2. L'extension limitée de la dimension supplémentaire force la quantification de l'impulsion p (ou si l'on préfère de la longueur d'onde λ) de la particule qui parcourt en cercle la dimension supplémentaire).

3. Comme p est quantifié, M l'est aussi : les masses des particules correspondantes seront m, $2m$, $3m$, etc.

Ces particules inusitées, de masses étagées, devant leur existence aux dimensions cachées, devraient nous apparaître comme de vraies particules lourdes. On les appelle particules de Kaluza-Klein. Considérons une particule sans masse dans l'espace-temps 5D et supposons que l'invariance de Lorentz s'y applique. $0 = E^2 - P^2 - p^2$. P et p sont les impulsions dans les 3 dimensions usuelles et E l'impulsion dans la dimension supplémentaire. Dans notre bas monde (à 3D d'espace), $E^2 - P^2 = M^2$, d'où $M^2 = p^2$. La masse n'est donc plus nulle. Un graviton de masse nulle en 5D se manifestera comme un graviton massif dans l'espace des petits oiseaux. Et si la cinquième dimension est bouclée en forme de cercle, ce graviton fera des petits (ou plutôt des gros), comme nous l'avons dit plus haut (p. 46).

Au-delà de l'espace des petits oiseaux

Par sa constitution physiologique, son appareil sensoriel et son expérience quotidienne, l'homme commun ne voit autour de lui que des particules qui semblent voyager dans l'espace 3D même si en réalité l'espace global leur est ouvert. Si nous pouvions en révéler certaines, même par défaut, et étudier leurs propriétés, elles nous informeraient sur l'arrière-monde. Les particules de Kaluza-Klein, si elles existent, sont les manifestations dans notre monde de l'existence de dimensions supplémentaires. Les masses de ces particules caractérisent le nombre de dimensions de l'espace supplémentaire et également la géométrie de celles-ci (taille et forme). Sus à l'armée des ombres !

Haute couture multidimensionnelle

La théorie des cordes et des branes a rompu les chaînes de la gravité, qui fait irruption comme un chien dans le jeu de quilles de la physique des particules. Le temps est révolu où les quantiques pouvaient afficher une superbe indifférence à l'encontre de cette force réputée négligeable. Les cordeliers leur jettent dans les pattes une volée de trous noirs miniatures. On peut se les représenter comme des membranes noires qui enveloppent les extra-dimensions. Ces trous noirs seraient minuscules comparés à leurs congénères gobeurs de galaxies (multimillionnaires en masses solaires). Mais la même physique s'applique aux petits et aux grands. On se prend à espérer que la théorie des cordes et des branes puisse donner une explication microscopique de l'entropie des trous noirs.

En traitant les trous noirs comme des membranes artistiquement drapées autour des dimensions supplémentaires magnifiquement galbées, Andrew Strominger et Cumrun Vafa sont parvenus à des prédictions microscopiques en accord complet avec Stephen Hawking. Cela plaide en faveur des cordeliers, mais les trous noirs modélisés sont encore loin de ressembler aux trous noirs « réels », astrophysiques.

Planck et transPlanck

Une subdivision s'impose dans l'immense territoire de la gravité. La ligne de partage des eaux passe entre gravité classique et gravité quantique. Le symbole évident de cette division, c'est la longueur de Planck. Ce dernier, qui a découvert les quanta, a le premier noté que certaines constantes physiques de base peuvent être combinées pour produire une quantité qui a la dimension physique d'une longueur. En un sens, on peut dire que Planck est l'alpha et l'oméga de toute physique quantique. Il ne savait toutefois pas ce que cette longueur représentait, mais il la considérait comme « naturelle », plus fondamentale que celle du proton.

D'une discussion entre Wheeler et Misner a émergé l'idée que cette longueur fixe l'échelle des fluctuations quantiques de l'espace-temps. Elle est d'une petitesse déconcertante : 10^{-33} centimètre. Aujourd'hui, on tente à tout prix d'étirer mentalement la longueur de Planck en invoquant l'existence de dimensions supplémentaires pour la rendre accessible à la mesure.

*La longue marche vers le un
au prix de certaines multiplications*

Les théories s'enchâssent les unes dans les autres. Le mouvement de généralisation part de la mécanique classique et aboutit à la théorie des cordes et des branes (ou théorie M), la plus enveloppante qui soit, mais au prix, il est vrai d'une certaine débauche dimensionnelle, en passant par les relativités restreinte et générale, le montage de Kaluza-Klein et la théorie des cordes. En somme, une théorie en avale une autre, et le plus gros poisson, actuellement, est la théorie M, le menu fretin la mécanique classique.

Super(mem)branes

Les tentatives actuelles de réconciliation de la relativité générale d'Einstein et de la mécanique quantique consistant à les chapeauter par une théorie unifiée ayant l'ambition d'expliquer tous les phénomènes physiques connus sont fondées sur l'hypothèse de l'existence de dimensions supplémentaires d'espace.

Un grand nombre de physiciens pensent que le salut est dans les supercordes. Ce sont des objets filamenteux très abstraits, relativistes et supersymétriques, vibrant comme des cordes de violon dans l'espace multidimensionnel. Leurs modes d'oscillation s'identifient aux divers types de particules élémentaires qui donnent à l'Univers son support matériel ainsi que son ciment (ses forces). Pour ces pythagoriciens invétérés, ces cordes chantent donc la musique du monde, l'harmonie des sphères. Et ce que nous pensons être l'espace-temps 4D est un produit de notre imagination bornée par nos sens atrophiés.

L'une des étrangetés des supercordes est qu'elles occupent un Univers doté de plus de dimensions d'espace que les yeux humains n'en révèlent. On en conclut que les extra-dimensions doivent être enroulées sur d'invisibles moyeux de diamètre suffisamment petit pour être restés jusqu'ici inaperçues.

À la fine pointe de la physique, la théorie M implique des objets plus complexes encore – car étirés dans 2 dimensions comme des membranes – qui prospèrent dans un Univers à 1 + 10 dimensions (10 d'espace et 1 de temps). Pourquoi 10 et pourquoi 1 ? 11 est le nombre maximal de dimensions autorisé par la supersymétrie. 1 est le nombre qu'il faut poser pour exorciser les horreurs du voyage dans le temps passé. Cette superthéorie fleurit sur le terreau de la théorie des supercordes et fait revivre des idées plus anciennes (supergravité à 11D). Son privilège ou sa tare, selon la perspective, est de multiplier les vides.

Les vallées de la stupeur

Lorsque les cordeliers ont fait le décompte des vides possibles, de tous les vides dont la durée de vie est supérieure à l'âge de notre Univers, ils ont abouti au nombre extravagant de 10^{500} (environ !) et n'ont trouvé aucun principe de sélection théorique apte à ennoblir notre vide et à le différencier des autres. Il n'y a pas de vide élu ! Faisant contre mauvaise fortune bon cœur, ils se sont dit que, parmi cette pléthore, il y en aurait au moins un de bon et que justement cette abondance de vide est heureuse.

Imaginez qu'ils n'aient trouvé qu'un vide et de surcroît mauvais ! Un vide qui n'aurait laissé qu'un excrément en lieu et place de la perle transcendante pleine du vide béni qui fleurit en galaxies. Quelle déconvenue ! Imaginez, au contraire qu'ils n'aient trouvé qu'un vide et que celui-ci fût le bon. Ce serait bien sûr le nôtre, comme par miracle. Le rêve ancestral de la physique eût été accompli.

Au secours, aurait-on été en droit de crier dans les cénacles métaphysiques, l'homme revient ! L'anthropomorphisme et le géocentrisme font leur réapparition, annonçant le grand retour de Dieu.

Pour les cordeliers athées, géographes dans l'âme, il semble plus judicieux de considérer que tous les vides pris ensemble composent un paysage de type gersois, c'est-à-dire vallonné. Comment atterrir dans la cuvette heureuse où notre vide stable et confortable réside (le plus bas de tous les vides possibles) et éviter toutes ces vallées de larmes à vides stériles ou monstrueux ? Une manière cavalière de répondre est d'évacuer tout simplement la question en invoquant le malencontreux principe anthropique ou plutôt philanthropique. Un rude physicien élevé à la pensée d'Einstein ne saurait s'en contenter, mais c'est pourtant celle qu'ont adoptée les cordeliers les plus huppés (Leonard Susskind et consort).

Comme il ne semble pas exister (du moins pour le moment) de principe d'essence supérieure qui conduise le cosmos à atterrir dans le vide particulier que nous occupons, on en prend une brassée entière et on fait défiler leur histoire, afin d'en examiner la vraisemblance. Un vide de bon aloi doit aboutir à une perle inflationnaire, c'est-à-dire en mesure, à peine extraite du quasi-néant originel, de s'étendre en un clin d'œil pour bientôt atteindre l'envergure d'un Univers digne de ce nom. Tout vide primordial qui ne peut engendrer qu'une poussière en contraction aboutissant à un trou noir est considéré comme mort-né. On est fondé à penser que les univers inflationnaires, amples et généreux, aussi bien que les rogatons d'univers ont émergé *via* l'effet tunnel de rien ou presque, c'est-à-dire d'un état sans espace-temps classique. On peut ergoter sur ce rien, et certains ne s'en sont pas privés. Rien de bien clair ! Mais loin de moi l'idée de jeter la pierre aux pratiquants de la cosmologie quantique. Ce sont de véritables athlètes théoriques pour lesquels je professe une grande admiration.

Miniaturisation

La prédiction la plus remarquable des temps modernes, indépendamment de tout *a priori* sur la théorie finale de la gravité quantique, je vous le dis non sans émoi, est que l'échelle de Planck, la vraie, celle du vert paradis théorique, où le loup paît avec l'agneau, soit à portée de machine ! L'abaissement mental et physique du seuil de l'idéale, de la chimérique unification devrait donc ouvrir la porte à un grand nombre de phénomènes observables. Montjoie ! Tir de canon, feu de joie et *Te Deum* ! Des trous noirs comme s'il en pleuvait ! La production de trous noirs devrait être copieuse, un par seconde disent les plus optimistes, et leur signature de clarté éblouissante.

Les trous noirs créés de main d'homme, source puissante de rayonnement de Hawking, devraient se désintégrer rapidement en belles et bonnes particules détectables. À partir des produits de décomposition, on devrait être capable de déduire le nombre de dimensions et l'extension des extra-dimensions de l'espace. Vous avez bien lu : il est écrit produire des trous noirs. Créer de toutes pièces des trous noirs sur la Terre ! Jamais physique n'aura été plus démiurgique. Car qu'est-ce qu'un trou noir sinon un mini-Univers ? Il ne lui manque rien pour mériter le titre, ni contenant (espace-temps) ni contenu (masse).

Extra-dimensions modestes

Une mise au point s'avère ici nécessaire pour tempérer l'enthousiasme. En vérité, les modèles à extra-dimensions ne briguent pas le titre de théorie de tout, mais ils fournissent une base utile pour explorer des territoires nouveaux qui s'étendent au-delà des frontières du modèle standard. Des phénomènes observables comme la production de gravitons de Kaluza-Klein et de trous noirs peuvent être utilisés pour tester les caractéristiques générales de l'espace-temps, comme le nombre et l'extension des dimensions supplémentaires et l'existence d'une nouvelle longueur de Planck. Cela éteindra peut-être les critiques de ceux qui clament à tout vent que la théorie des supercordes ne délivre aucune prédiction. Celle-ci peut-être qualifiée de grande muette, mais les scénarios qu'elle inspire, comme celui des Univers-branes, sont en revanche fort volubiles.

Les découvertes devraient tomber dru ! Acceptons-en l'augure, en gardant la tête froide, cependant. En l'occurrence, la prudence est avantageuse car les si sont nombreux dans l'affaire : s'il existe des dimensions supplémentaires et si l'échelle fondamentale se situe aux alentours du TeV, alors l'unité est au bout du chemin.

Voile d'inconnaissance

Cette perspective est propre à susciter sinon l'extase, du moins le contentement du théoricien, mais aussi la déconfiture, car si l'unification tant espérée se produisait au bénéfice exclusif des trous noirs, elle marquerait la fin de la longue quête de compréhension de l'infiniment petit et la suprématie finale de l'inconnaissance. Car, au fond, le trou noir est incompréhensible. La fin des temps de la glorieuse physique des particules ne serait plus impensable, mes cousins, car lors des collisions les plus énergétiques, les particules se cacheraient sous voile d'horizon. Ce prophétisme apocalyptique peut paraître de fort mauvais aloi et, dans le camp adverse, ses négateurs ricanent et composent des pamphlets. Pour le moment, jouons le jeu de bonne grâce et faisons mine d'accepter la prophétie cordelière ou plutôt branaire.

Incarcération dans un feuillet

La théorie des cordes suggère un scénario dans lequel les particules du modèle standard (quarks, leptons, bosons vecteurs) sont embastillées dans un sous-espace qui n'est autre que l'espace familier (3D), rebaptisé pour l'occasion brane, alors que la gravité est libre de se propager dans l'Espace-Temps (majuscule) entier (à $3 + n$ dimensions d'espace)[1]. Dans ce contexte, l'échelle de Planck fondamentale (M_*) serait beaucoup plus basse que sa contrepartie effective (observée) dans le monde, comme nous l'avons laissé pressentir. Elle serait donc en réalité voisine de 1 TeV, et en apparence 10^{16} fois supérieure. Bref, la gravité apparaîtrait faible au-delà du volume des dimensions supplémentaires, mais elle se hausserait au niveau des autres interactions, en deçà.

Armés de ces solides prolégomènes, nous allons évoquer, dans les pages qui suivent, les développements récents de la physique multidimensionnelle. Nous reviendrons sur la tentative d'unification des interactions gravitationnelle et électromagnétique de Kaluza et Klein. Et nous poursuivrons

---

1. Cet Espace-Temps total est appelé *bulk* dans la littérature anglo-saxonne.

par la théorie des cordes, proprement dite, qui en est largement inspirée, mais auparavant s'impose un petit pèlerinage au sanctuaire des concepts clés de la relativité, celui de métrique et d'intervalle d'espace-temps qui lui est lié.

Le miracle de Kaluza

1864 : Maxwell parvient à décrire l'ensemble de l'électromagnétisme par quatre équations.

1905 : Einstein réalise que les équations de Maxwell devraient rester les mêmes pour tous les observateurs qui sont en mouvement relatif uniforme. Le champ électromagnétique, en relativité restreinte, a quatre composantes. Ce champ, comme tous ses semblables, dépend de la position dans l'espace-temps, par définition.

1916 : Einstein introduit le principe de la relativité générale : les lois de la physique doivent être les mêmes pour tous les observateurs.

1919 : Kaluza postule une cinquième dimension d'espace-temps. Par cet artifice mathématique, il unifie non seulement gravité et électromagnétisme, mais aussi matière et géométrie. Le photon apparaît en 4D comme une manifestation de l'espace-temps 5D vide. La lumière est une pure vibration de la cinquième dimension. Le « miracle de Kaluza » suscite aujourd'hui la tentation irrésistible des extra-dimensions. Il est fondé sur ce principe : les phénomènes compliqués en 4D ne seraient que des manifestations de phénomènes plus simples en D > 4.

Arrêtez-moi au cinquième

La possibilité que l'espace recèle plus de trois dimensions, qui n'était au début qu'une idée mathématique abstraite, est devenue le fondement de la construction mentale peut-être la plus profonde du siècle passé, si ce n'est de l'histoire de la physique dans son entièreté. Ainsi fut arrangé le mariage entre les deux forces connues à l'époque, à savoir la gravité et l'électricité.

Trois petits tours et puis s'en vont

Reprenons à la racine. Un certain formalisme, découvert par le mathématicien Théodore Kaluza et publié en 1921, étendait la relativité générale d'Einstein à 5D en ajoutant une dimension spatiale. En 1926, Oskar Klein eut l'audace de proposer que la quatrième dimension de l'espace épousait la forme d'un cercle de très petit rayon de telle sorte qu'une particule prenant cette direction se retrouvait là où elle était partie en couvrant une petite distance (et donc au bout de très peu de temps). Tout se passait comme si elle disparaissait du regard pendant une brève période pour réapparaître aussitôt (au bout d'un temps minimal $2\pi R/c$). La distance qu'une particule peut parcourir avant de revenir dans sa position initiale ($2\pi R$) est liée au rayon de la dimension supplémentaire R. Cette extra-dimension compactée était littéralement occulte. On considère aujourd'hui qu'elle n'est probablement pas unique et on voit se multiplier les êtres géométriques de ce genre.

Prenez vos ciseaux
et découpez suivant les pointillés

La métrique de Kaluza, présentée sous forme de tableau, peut être séparée en différents blocs. L'un d'entre eux (4×4) est équivalent aux équations du champ d'Einstein, deux autres aux équations de Maxwell du champ électromagnétique et la partie finale à un champ scalaire.

$$\begin{matrix} g_{11} & g_{12} & g_{13} & g_{14} & A_1 \\ g_{21} & g_{22} & g_{23} & g_{24} & A_2 \\ g_{31} & g_{32} & g_{33} & g_{34} & A_3 \\ g_{41} & g_{42} & g_{43} & g_{44} & A_4 \\ A_1 & A_2 & A_3 & A_4 & S \end{matrix}$$

Sachant le prix qu'on accorde aux champs scalaires aujourd'hui (*cf.* boson de Higgs, inflation et énergie noire), on s'extasie d'en voir naître un aussi facilement, mais, à l'époque, il a été accueilli avec embarras et glissé sous le tapis.

Il ne manquait que les fermions (spin 1/2) pour que la fête soit complète. De nos jours, ces derniers, constituant le support matériel de toute chose, rien de moins, acquièrent pleine légitimité par le biais de la supersymétrie qui est partie intégrante de la stratégie. Un modèle supersymétrique à 5D serait donc apte, en principe, à engendrer tous les champs utiles de la physique. Mais les cordeliers trouvent bon de l'étendre à un espace-temps à 10 ou 11 D, car c'est le seul qui, à leurs yeux, met la théorie à l'abri de toute incohérence.

Cordes à nœuds

La théorie des cordes est une structure mathématique libérale en nombre de dimensions, mais si contraignante que seul un nombre limité de ses déclinaisons échappe à la contradiction. Les versions harmonieuses sont toutes supersymétriques et ne prennent sens qu'en 10 ou 11 dimensions.

Elle a ceci d'admirable que la seule hypothèse selon laquelle la matière est constituée de cordes, et non pas de particules, a pour conséquence la gravité qui échappe à la juridiction de la physique des particules conventionnelle. De plus, elle ne souffre pas des maux habituels de la théorie quantique des champs (irruption d'infinis délétères dans les calculs, car elle desserre la cravate des interactions). Sous son fouet, la gravité se fait docile à la quantification. De surcroît, le bon équilibre de la théorie requiert la supersymétrie, et donc la matière fermionique (faite de quarks et leptons), qui trouve ainsi pleine légitimité. Finalement, la théorie produit naturellement la « symétrie de jauge », mère des interactions non gravitationnelles. Il est fort agréable de constater que la plus grande partie des ingrédients de la physique découle d'une seule hypothèse.

Toute la physique du monde semble découler des supercordes, et certains s'extasient au point de la qualifier de « théorie du tout ». La plus élémentaire des modesties impliquerait au moins que l'on parle de théorie de toute la physique des particules... car elle n'explique pas les sentiments !

Ô Kaluza !

Signe et tu existeras ! Tel est le contrat entre l'arrière-monde (des branes) et le monde de notre expérience concrète, celui où évolue l'observateur et où il dispose ses appareils. Quelle signature expérimentale pourrait délivrer l'arrière-monde ? La physique se met à l'affût de deux messages perceptibles, afférents aux trous noirs microscopiques et aux gravitons de Kaluza-Klein. Et le curieux dresse l'oreille dans l'attente.

À bas la hiérarchie

On ne déraisonne pas en supposant que l'eldorado (la terre promise) est proche, car il y a une (bonne) raison à cela : l'échelle électrofaible (de Fermi) est un jalon clé sur le chemin de l'unification des forces, et elle est peut-être *plus fondamentale* que l'échelle de Planck. Et celle-ci se situe aux alentours du TeV. L'échelle gravitationnelle, pour sa part (celle de Planck) réside à mille lieues de là (10^{19} GeV). Il est difficilement admissible qu'il y ait deux échelles (deux énergies) fondamentales. Gravité ou électro-magnétisme, quel est le maître du monde ?

Nouvelle constante de gravitation universelle

Nous nous plaçons dans le cadre de l'Univers Brane (UB) à 4 + n dimensions. *n* désigne donc le nombre de dimensions supplémentaires que nous supposerons enroulées sur des moyeux virtuels de même rayon R, pour simplifier. R désigne donc ce que nous appellerons la « taille » des dimensions supplémentaires ou Extra-Dimensions (ED).

Prenons deux objets ponctuels de masse m_1 et m_2. Supposons que la gravité 5D s'exerce sur un domaine d'extension R. L'intensité de la force gravitationnelle en fonction de la distance est proportionnelle à $1/r^2$ à 4D d'espace-temps (trois dimensions d'espace) et $1/r^3$ à 5D (quatre dimensions d'espace), respectivement. À la frontière entre les espaces-temps à 4 et 5D, $f = G_4 m_1 m_2 / R^2 = G_5 m_1 m_2 / R^3$. Il crève donc les yeux que $G_5 = R G_4$.

La constante de gravitation est donc plus forte en 5D qu'en $4D^2$, tel est le nœud de l'affaire.

Qu'en est-il de la masse de Planck (et de la longueur et du temps éponyme) ? On se souvient que la masse de Planck 4D est obtenue en égalant le rayon gravitationnel (dit de Schwarzschild) avec le rayon quantique (dit de Compton). Nous allons procéder exactement de la même manière dans notre exubérant contexte extra-dimensionnel. Il convient, pour commencer, de recalculer, dans les nou-

---

2. Et plus forte encore en 6D…

velles conditions, le rayon de Schwarzschild, qui dépend du nombre de dimensions, avant de l'égaler à celui de Compton, qui lui n'en dépend pas[3].

Le rayon de l'horizon augmente avec n. Les trous noirs multi-D sont donc plus grands que les trous noirs 4D de même masse, mais s'ils sont plus grands, ils sont aussi plus froids, plus durables.

Comme le rayon de Compton est indépendant du nombre de dimensions, ce n'est donc pas celui-ci qui engage une nouvelle physique, mais bien le rayon de S*, qui en dépend. Écrivons bravement l'égalité des rayons de S* et C* dans un espace-temps à 4 + n dimensions. Je vous passe les détails, le résultat final est de toute beauté

$$M^2_{pl} = R^n M_*^{n+2}$$

M_{pl} est l'ancienne masse de Planck (à 4 D) et M_* la nouvelle (à 4 + n D). Ce raisonnement résout une grande énigme et autorise toutes les espérances. Le mystère de la gravité se disperse, au sens propre : la masse de Planck paraît excessivement élevée dans notre monde, *de notre*

---

3. La loi de conservation de l'énergie dans un espace à 4 + n dimensions prend alors la forme suivante $E_{tot} = 1/2\, mv^2 - G_{4+n}\, mM/r^{n+1}$. Faisons maintenant $E_{tot} = 0$ et $v = c$, puisque c'est ainsi qu'on caractérise l'horizon du trou noir, il vient $R_{4+n} = (2G_{4+n}\, M/c^2)^{1/1+n}$. En substituant $R^n G_4$ à G_{4+n}, on aboutit à $R_{4+n} = (2G_4\, R^n\, M/c^2)^{1/1+n}$.

Il faudrait pour bien faire pratiquer l'*hypergéométrie*, c'est-à-dire calculer la surface de l'hypersphère à 4 + n dimensions, ce qui est un luxe réservé à quelques esthètes...

Pour bien goûter le jeu il faut savoir jongler avec les puissances : ce qui est moins difficile que de le faire avec des pommes ou des flambeaux. Soit une quantité quelconque Q, Q^2 est son carré, Q^3 son cube et Q^n la valeur de Q portée à la puissance n. Écrivons $1/Q = Q^{-1}$, $1/Q^2 = Q^{-2}$, etc. Les racines carrée, cubique, nième sont maintenant figurées par des puissances 1/2, 1/3... 1/n. On voit que si r à la puissance n + 1 vaut une certaine valeur, disons a, r vaut cette valeur à la puissance 1/n + 1. Car si r^2, par exemple vaut 2, r vaut racine de 2 c'est-à-dire $2^{1/2}$.

point de vue aplati, parce que ce n'est pas la bonne. La faiblesse de la gravité est une illusion ! Ainsi, l'introduction de dimensions étendues, « largement[4] » déployées, diluerait la gravité en lui donnant accès à un volume interne à n dimensions ($V_n \sim R^n$) et la masse de Planck quadridimensionnelle, la fausse, se manifesterait à des distances supérieures au rayon des extra-dimensions. Cette proclamation fait naître l'espérance que le paradis de la gravité quantique, le vrai royaume de Planck, est à portée de machine.

Nouvel évangile de Planck

	Ancien	Nouveau
Masse	10^{19} GeV	1 000 GeV
Longueur	10^{-33} cm	10^{-17} cm
Temps	10^{-43} s	10^{-27} s

Verts paradis relativiste et quantique

En prenant R^n assez vaste on ramène M_* à 1 TeV et on résout ainsi (ou plutôt on reformule) le problème de la hiérarchie entre les forces. Le grand intérêt de cette stratégie tient au fait que M_*, la nouvelle (vraie) masse de Planck est rabaissée à environ 1 TeV, et donc qu'on peut s'attendre à voir émerger une physique très spectaculaire, un vrai feu d'artifice au Large Hadron Collider du CERN dans les années qui viennent, si bien sûr la théorie ne s'effondre pas entre-temps.

---

4. Il convient de ne point exagérer cette largesse (inférieure à 0,1 millimètre), elle n'est vaste que rapportée à l'échelle de Planck 4D : 10^{-33} centimètre.

On se frotte les yeux

La conjecture est si époustouflante, qu'il nous faut quelques minutes pour l'intérioriser. Répétons-le, la véritable masse de Planck, la *masse-mère* de toute la physique, est peut-être (beaucoup) plus faible que celle qu'on tenait jusqu'ici comme fondamentale. Le problème de *hiérarchie* est résolu de la manière la plus radicale qui soit : par éradication. Il n'y a plus *deux* échelles fondamentales comme avant (de Fermi et de Planck), il n'y en a plus qu'*une* et elle est à portée d'accélérateur ! Le TeV devient terre promise. Des accents prophétiques s'élèvent des bâtiments carrés qui abritent les machines électriques et des pompes à vide et les pieux laboratoires... On aimerait tant y croire ! Le plus beau rêve de tous, peut-être, est de faire fleurir les microtrous noirs en fomentant à dessein des collisions de particules, de les voir éclore et en un clin d'œil s'évaporer...

À très haute énergie un proton volant peut entrer à l'intérieur de l'horizon de l'autre. Théoriquement, les collisions très frontales engendrent de minuscules trous noirs. Une fois produits, les microtrous noirs s'évaporent, selon le scénario de Hawking. L'analyse des produits d'évaporation devrait nous permettre d'extraire des informations sur la topologie de l'espace-temps (nombre, taille et, peut-être, forme des dimensions supplémentaires).

La production de trous noirs microscopique pourrait être pléthorique (1 milliard par an) car on imagine que l'énergie de Planck (masse de Planck) pourrait être atteinte et même dépassée : 14 TeV ! La collision des protons au LHC se fera donc à des énergies supérieures à celle de Planck (la vraie !) ! Le physicien exulte : les portes de la gravité quantique vont s'ouvrir enfin devant lui[5] !

Les physiciens zélés et prévenants ont calculé toutes les étapes de l'évaporation des petits trous noirs, car l'analyse des produits de celle-ci devrait permettre de tirer de l'information sur les paramètres M_* et n de la théorie, c'est-à-dire sur la nouvelle masse de Planck et sur le nombre de dimensions supplémentaires.

L'évaporation est censée s'opérer en trois étapes, dont la deuxième nous intéresse tout particulièrement, car elle pourrait laisser des traces observables et nous ramène à notre obsessionnel rayonnement de l'ombre : ici l'ombre...

1. Arrondissement rapide du trou noir

2. Rayonnement de Hawking

3. Explosion de la perle de Planck résiduelle ?

Dans la première phase le trou noir rayonne des gravitons, ce qui l'arrondit. Une certaine fraction de la masse se perd ainsi en ondes gravitationnelles.

La phase d'évaporation proprement dite débute par le ralentissement de la rotation du trou noir, elle est suivie de l'émission thermique de diverses particules du modèle standard. Photons, neutrinos, positons, autant de particules du MS émises sur (dans) la brane (dans notre monde), les gravitons le sont dans l'entièreté de l'espace 4 + n. C'est cette

---

5. Cette alléchante perspective suscite un certain doute chez les relativistes purs, qui sourds à cette prophétie, ne veulent pas plier le genou devant Fermi. Le plus sage est de rester agnostique, mais toutefois bienveillant, ce qui n'est pas toujours le cas.

phase qui s'offre à l'observation. Elle se prolonge jusqu'au moment où le résidu atteint la masse de Planck. Dans la troisième phase, le trou noir est maintenant dans le plein régime de la gravité quantique et les prédictions deviennent peu fiables. Ou bien il s'évapore totalement, ou bien il laisse subsister une sorte de perle transcendante et stable. Entre les deux le cœur de la physique balance encore. La troisième étape est donc la plus délicate, elle ne sera résolue que lorsqu'on disposera d'une théorie de la gravité quantique digne de ce nom, ferme et assurée.

Le monde clivé des branes

Les champs non gravitationnels sont confinés dans un sous-espace 3D alors que la gravité est autorisée à se propager dans toutes les dimensions de l'Espace-Temps. De la sorte Arkani-Hamed, Dvali et Dimopoulos[6] (ADD) proposent une solution très élégante du problème de la hiérarchie de Fermi-Planck en introduisant n dimensions spatiales enroulées dans lesquelles seuls les gravitons peuvent se propager. Les particules du modèle standard se voient interdire l'accès à cet arrière-monde et sont comme enfermées dans un sous-espace appelé 3-brane. Les modèles à extra-dimensions étendues baissent le prix d'entrée au paradis de Planck et prédisent un grand nombre d'effets nouveaux dans le domaine du téraélectronvolt ou TeV :

1. La gravité déviante à petite échelle devrait faire sentir ses effets au-dessous du dixième de millimètre.

---

6. L. Randall et R. Sundrum, également, dans un autre cadre (voir le livre de Lisa Randall, *Warped Passages*, 2007).

2. La nouvelle longueur de Planck devrait agir comme une distance minimale dans la nature fournissant une coupure naturelle et une limite de résolution ultime de l'espace-temps.

3. La production de trous noirs microscopiques au moyen des grands collisionneurs deviendrait possible.

4. Ainsi que celle de gravitons massifs (K) qui gouvernerait la physique aux très hautes énergies.

1. À petite distance la gravité serait amplifiée. La variation de la force avec la distance serait en $1/r^{n+2}$ au lieu de $1/r^2$. Le potentiel serait en $1/r^{n+1}$ au lieu de $1/r$. Ceci aurait pour résultat d'abaisser la masse de Planck au point qu'elle se confonde avec l'énergie électrofaible et d'en faire une nouvelle échelle fondamentale M_*, ce qui nous permet de caresser l'espérance d'une Grande Unification au TeV[7].

2. Les effets de cette longueur minimale deviendraient importants dans le domaine d'énergie où les trous noirs sont censés se former. Ce minuscule brin, on peut le concevoir comme un atome d'espace et lui associer un atome de temps, en répondant aux objections habituelles sur l'impossibilité d'un temps discontinu. Il s'agit plutôt d'une *incertitude* (avec laquelle on a bien fini par s'accoutumer en mécanique quantique).

____

7. 1 TeV est une valeur représentative, on pourrait tout aussi bien choisir 10 TeV ou plus.

Confrontation à la réalité

Selon leur nombre (de 2 à 7), le rayon caractéristique des ED (ou si l'on préfère la portée de la gravité modifiée) varie énormément. L'inverse de ce rayon, commensurable à une énergie, couvre une plage immense, depuis la fraction d'électronvolt jusqu'à la dizaine de mégaélectronvolts, respectivement. Si $M_* = 1$ TeV, l'existence d'une seule dimension supplémentaire est d'ores et déjà exclue, deux également[8], trois c'est limite[9]...

Gravité quantique au TeV

n	R	M = 1/R	
1	10^{13} cm	10^{-18} eV	*exclu* (dynamique des planètes)
2	0,1 mm	10^{-3} eV	*exclu* (gravité sub mm)
3	3.10^{-6} mm	10^2 eV	probablement *exclu* (supernovae)
4	10^{-9} mm	10 keV	
5	10^{-10} mm	1 MeV	

---

8. Par le fait que la gravitation reste conforme à la loi de Newton dans le système solaire et par l'étude de la gravité dans le laboratoire.

9. Pour n = 3, les gravitons de Kaluza-Klein seraient suffisamment légers pour être produits en abondance lors de l'effondrement du cœur des étoiles massives et, fuyant sans retenue, ils provoqueraient une véritable hémorragie d'énergie et un refroidissement instantané de ce cœur. Mais une poignée de neutrinos a été observée en provenance de SN1987a, ce qui témoigne de la grande chaleur atteinte par le cœur du cœur de l'étoile et s'oppose à l'idée d'un refroidissement brutal. De surcroît, les gravitons de Kaluza-Klein produits dans l'explosion des supernovae feraient un halo radioactif (émetteur de rayons gamma) autour des étoiles à neutrons, leurs vestiges, qui n'a pas été observé (S. Hannestad et G. Raffelt, *Physical Review D*, 67, 125088, 2003, M. Cassé, J. Paul, G. Bertone et G. Sigl, *Physical Review Letters*, 99, 111102, 2004), ce qui semble exclure le cas n = 3, mais l'argument est, admettons-le, fort indirect.

n	R	M = 1/R	
6	10^{-11} mm	10 MeV	
7	2.10^{-12} mm	50 MeV	

Taille des rayons de compactage (en supposant tous les rayons égaux) et masse associée pour différentes valeurs du nombre de dimensions supplémentaires.

Retenez que les cas n = 4, 5, 6, 7 restent viables pour $M_* = 1$ TeV.

Trous noirs primordiaux multidimensionnels

Soit n le nombre de dimensions supplémentaires. Si on fixe la nouvelle masse de Planck à 1 TeV, on obtient le rayon R des dimensions supplémentaires pour différents n (de 1 à 7), donné par le tableau précédent. À partir de R, on calcule la nouvelle constante gravitationnelle. Connaissant celle-ci, il est facile d'en déduire les propriétés des trous noirs multidimensionnels et d'en retirer tout un luxe de prédictions.

Trous noirs multidimensionnels

n	0	5	6	7
M	5.10^{14}	$1,7.10^{12}$	$6,9.10^{13}$	$1,7.10^{15}$
T	20	1,95	7,96	24
L	$2,5.10^{17}$	3.10^{16}	$1,4.10^{17}$	$3,5.10^{18}$

Masse, température et luminosité des trous noirs qui expirent aujourd'hui en fonction du nombre de dimensions supplémentaires.

Dans ce tableau, M est la masse du trou noir (en grammes) dont la durée de vie, pour chaque valeur de n, est égale à l'âge de l'Univers (13,7 milliards d'années).

T, la température et L, la luminosité, sont exprimés en MeV et erg/seconde, respectivement[10].

Le résultat est surprenant : par une étrange coïncidence, *les trous noirs qui expirent aujourd'hui ont une température similaire que n soit égal à 0 ou 7.* Aussi est-il vain de vouloir tester la prédiction la plus criante de la théorie M, mère des cordes et branes (C&B), à savoir l'existence de 7 dimensions supplémentaires par le biais des trous noirs multidimensionnels. Désolant ! Nous avons convoqué les théories les plus audacieuses, il nous a fallu apprendre à sauter des haies dans un stade à 5D et plus, pratiquer des exercices de haute voltige dans des espaces inusités, grimper sur des échelles vertigineuses et nous agripper aux barreaux... Et, au bout de toutes ces contorsions, nous retrouver dans notre monde (l'espace des petits oiseaux). Il y a comme un complot de la nature ! Car si l'échelle de la gravité quantique est bien de 1 TeV, alors le rayon du trou noir à 11D est, par extraordinaire, *juste* celui qui déborde les frontières des dimensions supplémentaires ! Si des trous noirs de taille modeste (10^{15} grammes environ) sont bien nés dans le big-bang, l'espace-temps est toujours resté pour eux quadridimensionnel[11]. Bref, les trous noirs dans un espace-temps à 10 ou 11D chers aux cordeliers ont des propriétés identiques à ceux qui existeraient dans l'espace-temps 4D ordinaire.

---

10. R. Lehoucq, M. Cassé, J.-L. Casandjian, I. Grenier, 2009 ArXiv : astro-ph

11. Il n'en a pas été de même pour les trous noirs primordiaux de masse inférieure. Au cours de leur évaporation, ceux-ci ont, pour ainsi dire, changé de dimension, car le rayon de leur horizon est devenu inférieur à la taille des dimensions supplémentaires.

Fort de notre précieux tableau, nous nous promettons d'aller interroger les astronomes d'un nouveau style qui ne sont point nyctalopes : indifférents au jour et à la nuit, leurs yeux sont satellisés (quoi de plus naturel, dit-on en plaisantant, que leurs yeux soient en orbite ?) Nous voilà à la porte du service d'astrophysique du CEA, qui est un nid d'astronomes gamma.

Recherche trou noir primordial désespérément

Hélas, aucune preuve tangible de l'existence de trous noirs primordiaux n'a été administrée. De l'absence manifeste de signature dans le ciel gamma, et également de l'absence de traces nettes dans le flux d'antiprotons qui arrose la Terre, on déduit une rareté extrême de trous noirs primordiaux dans la bonne gamme de masse (chapitre 7). Cela signifie-t-il qu'ils n'existent pas ? Il ne faut pas se hâter de conclure. Les expériences futures dans le ciel (FERMI) ou sur la plate-forme spatiale internationale (AMS) devraient nous éclairer. L'enjeu est considérable : révélation du rayonnement des trous noirs (pas essentiel vers la gravité quantique) au travers d'un spectre (quasi) thermique dans le registre gamma (ce qui ne s'est jamais vu) et détermination du nombre et de la taille des extra-dimensions selon la position du maximum du spectre d'énergie si $n = 4$ ou 5.

CERN-cathédrale

Dans un contexte tout autre, souterrain celui-là, les physiciens du CERN construisent leurs détecteurs hauts comme des cathédrales, mais sensibles comme des jeunes filles. La conjonction de tous ces efforts devrait aboutir à une réponse claire à la question de savoir si les microtrous noirs sont illusoires. J'envie les enfants du XXIIe siècle qui souriront à la question qui aujourd'hui nous taraude. Mais pour l'instant, de leur quasi-absence constatée, on ne peut rien conclure de définitif. L'absence d'évidence ne saurait être confondue avec l'évidence de l'absence.

CHAPITRE 7

LEVÉE D'ASTRES DANS LE CIEL
DE LA CONNAISSANCE

Tout objet dénué de rotation et de charge électrique dont la taille est inférieure au rayon de Schwarzschild forme un trou noir : ce principe valable quelle que soit la masse de l'objet considéré ne connaît pas de borne, ni inférieure ni supérieure. En physique, généralement, tout ce qui n'est pas interdit se produit. Aussi, selon la relativité générale, des trous noirs de toutes masses devraient exister, à condition bien sûr que la nature soit assez aimable pour les enfanter. Du plus petit (une poussière) au plus grand (noyaux de galaxies), ils seraient régentés par la même physique, les mêmes équations.

Ainsi, le domaine d'existence possible des trous noirs, des particules aux galaxies, est le plus vaste que l'on puisse imaginer, eu égard à la masse. Leur température (inversement proportionnelle à leur rayon) s'étale entre 10^{32} K et une fraction infime de degré. En comparaison, les étoiles occupent des créneaux minuscules (0,1-100 masses solaires, 5 000-40 000 K).

Trous noirs de troisième classe

De nos jours, les astronomes reconnaissent qu'il y a abondance de trous noirs dans l'Univers. Des observations diverses, spécialement dans le registre des rayons X, en ont localisé qui seraient accouplés à d'autres objets stellaires dans la Voie lactée, ainsi que des géants au centre des galaxies extérieures.

Ces deux classes de trous noirs se caractérisent par des masses très différentes. Les trous noirs stellaires disposent typiquement de dix fois celle du Soleil, et ils sont formés, pense-t-on, au terme de l'effondrement gravitationnel du cœur de fer des grandes étoiles, prélude à leur explosion finale, arrachant le cri de supernova. Les trous noirs super-massifs, tapis au centre des galaxies, ont des masses comprises entre un million et dix milliards de masses solaires, mais leur formation est encore mal comprise.

Une troisième classe de trous noirs, minuscules ceux-ci et encore hypothétiques, serait composée d'objets beaucoup moins impressionnants (10^{-21} à 10^{15} grammes). C'est sur ces poids plumes, plus rayonnants que les précédents, du moins nous l'espérons, que portera l'essentiel de notre intérêt. Qu'ils soient reliques du big-bang (minitrous noirs) ou produits de laboratoire, pour les plus légers (microtrous noirs), nous les accueillerons avec des hourras et scruterons leurs propriétés. Avouons-le, jamais intelligence ne se sera tant noircie.

Naissance des trous noirs primordiaux

Avant de refermer ce lourd portail de ciel, nous allons calculer le moment de la création des trous noirs primordiaux, toujours à notre façon, c'est-à-dire à la manière un peu fruste des astrophysiciens. Il nous semble naturel de supposer que les trous noirs se forment lorsque leur densité propre est égale à celle de l'Univers[1]. Densité du trou noir ? Densité de l'Univers ? L'existence actuelle de galaxies implique que l'Univers a été inhomogène dans le passé. En toute hypothèse, certaines régions ont été comprimées au point de s'effondrer sur elles-mêmes et de produire directement des trous noirs, sans passer par la phase stellaire.

Prenons 1 cm³ d'Univers de ce temps-là, à peine sorti du four du big-bang. Dans ce cm³ fourmillent des photons et d'autres particules, mais les premiers l'emportent largement. L'Univers peut donc être représenté comme un gaz de photons. Nous sommes en pays familier. Sa densité d'énergie est donc proportionnelle à T^4. Mais selon les équations de la cosmologie, la relation entre densité d'énergie et temps est $\rho = 10^6/t^{1/2}$ (t est exprimé en seconde et la ρ en g/cm³).

La densité d'un trou noir, quant à elle, peut être définie comme sa masse/volume. Ainsi un trou noir de masse 10^{15} grammes (qui se désintégrerait aujourd'hui) serait-il formé au temps 10^{-23} seconde, ce qui en ferait la relique des temps premiers la plus ancienne que l'on connaisse. En comparaison, les autres reliques cosmologiques comme l'hélium et le rayonnement cosmologique fossile datent respectivement de 1 seconde et 380 000 ans environ.

---

1. Comment se forment-ils ? Disons pour simplifier comme les galaxies, à partir de petits germes hérités du big-bang. Les fluctuations quantiques dans l'ère d'expansion frénétique qu'on appelle inflation cosmologique ont grumelé l'Univers enfant, et les grumeaux ont servi de graine, de germe aux galaxies. Les petites variations de température détectées dans le rayonnement cosmologique fossile ne seraient rien d'autre que des fluctuations quantiques « aurorales » agrandies démesurément par l'inflation. Elles s'étendent aujourd'hui dans le ciel et couvrent chacune 1° environ.

Les trous noirs primordiaux sont nés
de (dans) la lumière

Nous avons été capables de calculer la masse, le rayon, la densité et la date de naissance des trous noirs qui explosent aujourd'hui dans une gerbe de rayonnement. Éblouissant !

Au terme de cette aventure un peu abstraite, un sentiment de poésie nous envahit mêlé, toutefois, d'une satisfaction un peu pusillanime de calculateur. Amis des trous, inscrivez dans vos registres ces précieuses caractéristiques, masse, rayon et date de naissance sous la rubrique « trous noirs primordiaux ». Masse : 10^{-5} gramme, rayon : 10^{-13} centimètre, naissance : 10^{-23} seconde après le big-bang. N'est-il pas étrange que les trous noirs nés dans le big-bang et qui se désintègrent aujourd'hui aient justement une taille comparable au proton ? Voilà qui n'a *a priori* rien à voir. Peut-être un secret se cache-t-il derrière cette ressemblance géométrique ? Pour ma part je n'y vois aucune explication.

Trous noirs CERNés

À l'autre bout du monde, l'une des possibilités les plus exaltantes d'apparition de nouvelle physique au Large Hadron Collider (LHC) serait la production manufacturière de trous noirs, si l'on prête crédit aux théories à multidimensions qui sont la coqueluche de la physique contemporaine. Dans la mesure où les masses de trous noirs susceptibles d'être formés au LHC sont minuscules (quelques TeV), leur température est énorme (1 TeV = 10^{16} K) et leur vie extrêmement brève ($\approx 10^{-27}$ s). Ils sont susceptibles de se désintégrer instantanément en rayonnant à la manière de Hawking. Les particules qui en résultent seraient de toutes variétés (photons, électrons, positons, protons, antiprotons, etc.) et leur spectre thermique, ce qui devrait permettre de les distinguer. Ce processus produirait en effet une signature différente de tous les phénomènes connus jusqu'ici. Saluons l'exploit théorique ! L'analyse semi-quantique de Hawking clarifie la connexion entre thermodynamique et entropie du trou noir. Le mécanisme d'évaporation des trous noirs (artificiels aussi bien que naturels) relie la gravité quantique à la théorie quantique des champs et à la physique des particules, en passant par la thermodynamique. C'est une voie prometteuse de compréhension de la physique de Planck. Cela méritait d'être dit sans attendre. Mais si rien n'existe de tel, la chute sera plus dure.

Défense et illustration de l'astrophysique

Il est naturel de s'émerveiller de la beauté du ciel. Mais la découverte du mode de fonctionnement subtil de la machine qu'est l'Univers, et la compréhension de l'évolution cosmique, inaugurée par le big-bang et perfectionnée par les étoiles, nécessitent bien davantage. En cette seconde solennelle, pensez aux neutrinos et à leur changement subtil d'identité lors de leur propagation entre le Soleil et nous : ils vous traversent chaque seconde à raison de 60 milliards par cm^2, et vous ne sentez rien, eux non plus. Pensez encore aux neutrinos qui accompagnent (et sans doute déclenchent) les explosions de supernovae : leur flux est si intense qu'en 1987, on a pu en capter une poignée en provenance d'une galaxie satellite à la nôtre, le Grand Nuage de Magellan. L'invisible s'est alors vu. Dans la fraîcheur relative, éclairée par son étoile, la matière qui pense se penche sur son passé de matière inerte, stellaire et nuageuse, et au-delà sur son passé de lumière et de vide.

Elle vole à l'envers vers son origine. L'esprit de l'observateur s'infiltre dans la jeunesse turbulente de l'Univers jusqu'aux jours orageux de son enfance. Un fil court entre le big-bang et nous. Toute parole devient lumière, le big-bang crie vers nous. Le fantôme de Pascal n'a plus besoin de se désespérer du silence de l'Univers, il parle à qui veut l'entendre, il a un langage et nous sommes son message.

Il faut se hisser à un niveau bien supérieur d'appréciation du cosmos que l'homme naturel pour décrypter le langage subtil de la lumière, des neutrinos et des particules de la matière noire. L'esprit de cristal de l'astrophysique et sa méthode lucide nous invitent non seulement à nous émouvoir, mais aussi à penser le ciel, à épouser la logique du cosmos. L'astrophysique est l'union, célébrée dans l'esprit humain, de la physique, science expérimentale et mathématique, et de l'astronomie, étude de l'inaccessible.

On est tenté de dire : ce qui est ici est comme ce qui est là-bas. Ce qui n'est pas ici n'est nulle part. Ne cherchez pas le paradis. Or ce n'est pas totalement exact. La Lune est à 1 seconde-lumière, la galaxie d'Andromède à 2 millions d'années-lumière, l'horizon cosmologique (la frontière de l'Univers observable) à 46 milliards d'années-lumière. L'Univers naissant est dense, chaud et homogène. L'Univers actuel est ténu, froid, découpé en galaxies et en étoiles. Donc, ce qui est loin dans l'espace et dans le temps est différent de ce qui est proche. Mais l'au-delà est noué à l'ici-bas par les lois de la physique et de l'évolution. Il y a unité de substance et unité de loi : l'Univers est quantique et relativiste à la fois. Il est uni par ses lois intemporelles. Les lois du changement ne changent pas.

Vol arrière dans le temps : jusqu'où pouvons-nous remonter sans nous brûler les ailes ? Flèche du temps inversée, l'Univers évolue vers sa jeunesse chaude et dense. Il est si chaud qu'il devient opaque à sa propre lumière (telle une flamme). Nous sommes dans le désert des sens : 300 000 ans après, le big-bang marque la frontière entre le visible et l'invisible

10^{-43} seconde marque la limite de l'intelligibilité cosmologique, car se produit une catastrophe conceptuelle : l'opposition féroce entre relativité générale et mécanique quantique. Toutefois, la barrière n'est pas définitive. Elle n'est qu'épistémologique et sera percée (comme le mur du son, en son temps). Il y a promesse de mariage entre gravitation et physique quantique : la gravité quantique est à naître. Et son espérance est liée à la théorie des cordes.

Sans la physique, l'astronomie n'a pas de tête ; sans l'astronomie, la physique n'a pas d'ailes. Si, dans le passé, la physique a épousé le ciel, donnant naissance à l'astrophysique, le ciel lui rend aujourd'hui double politesse : il sert de révélateur à la physique nouvelle et de banc de test aux propositions théoriques afférentes.

Généalogie des titans théoriques

Les deux théories monstres de la modernité que sont la mécanique quantique et la relativité restreinte ont engendré la théorie quantique des champs et son cortège de modèles flexibles et élégants. En retour, ces derniers ont offert des solutions attrayantes aux problèmes de la physique moderne. Mais sans validation universelle, ils restent spéculatifs. La connaissance accrue des mécanismes astrophysiques nous a permis de soumettre les théories spéculatives à l'épreuve du feu des étoiles, des supernovae et du big-bang, et mieux encore, elles en ont indiqué les limitations.

Par-delà les petites particules modèles

Les découvertes astrophysiques récentes amènent à penser que le modèle standard des particules est pour le moins incomplet. De nouvelles théories viennent pousser à l'existence de nouveaux éléments du monde, et l'astrophysique se propose de les infirmer, de les confirmer ou du moins de les contraindre. L'une des prédictions les plus frappantes liées aux modèles à dimensions supplémentaires d'espace, inspirés par la théorie des supercordes, est celle de l'existence de trous noirs miniatures qui, tels des supernovae, exploseraient au terme de leur existence plus ou moins longue selon leur masse et de la possibilité de les créer au moyen d'accélérateurs de particules. Les physiciens, jusqu'à aujourd'hui, ont pulvérisé pour connaître (les atomes, les noyaux d'atomes). Les voilà en passe de créer des trous noirs ! Cela vaut bien une messe !

Ce ne sera point à l'épreuve du feu que nous soumettrons les théories *new look*, mais à celle des supernovae et de l'astronomie gamma. Il convient en effet que les particules et forces nouvelles ne mettent point en danger le bon fonctionnement du monde céleste ni ne produisent de rayonnement indésirable dans tout le registre perceptible.

Plus positivement, l'astrophysique, dans sa bienveillance, s'est mise en demeure de recueillir les traces ou les signatures les plus minimes des entités nouvelles. Le rayonnement cosmique de haute énergie, par ailleurs, devrait, avec l'expérience AUGER, prolonger la quête des physiciens au-delà du domaine accessible aux grands collisionneurs et son étude offre un potentiel de découvertes considérable.

Ainsi, messieurs les physiciens, qui avez été si lucides vis-à-vis du ciel et qui l'avez nucléarisé ou pulvérisé en particules, le ciel vous rend la politesse : il devient le laboratoire ultime pour mettre à l'épreuve vos théories rêvées.

Matérialisation et dématérialisation naturelles

Le ciel offre aux bienheureux que nous sommes le théâtre de l'incarnation/désincarnation. Le big-bang est l'événement où le rayonnement se matérialise ; le Soleil est le lieu où la matière se dématérialise, se transforme partiellement en lumière. Le signe de la lumière est zéro, mais zéro, c'est plus et moins accolé. Nous ne le dirons jamais assez.

La matière (et l'antimatière) est entre deux lumières plus et moins, doubles antagonistes et mortelles. La lumière se repose dans 0. Le fait que le photon soit sa propre antiparticule entraîne une conclusion redoutable : si l'antimatière est là, à quelques centimètres de vous, vous ne la distinguez pas de la matière Touchez-la, et vous partez vous et elle, non pas en fumée, mais en lumière, ou plus précisément en rayons gamma. C'est par l'intermédiaire des rayons gamma que l'on peut espérer révéler les zones de contact entre matière et antimatière dans l'Univers. La seule présence naturelle de l'antimatière dans le rayonnement cosmique (et encore réservée aux antiélectrons et aux antiprotons et à très faible dose) est une énigme pour le physicien de laboratoire qui voit se produire sous ses yeux des processus équilibrés où le nombre de particules qui apparaissent et disparaissent est égal au nombre d'antiparticules équivalentes. La seule exception à la règle tient dans la désintégration d'une particule rare appelée K_o, mais elle est si insignifiante qu'on ne saurait tirer d'elle une explication à la quasi-absence d'antimatière autour de nous. Où sont les mondes perdus de l'antimatière ? La moitié du ciel a-t-elle disparu ? C'est ce que fait valoir l'hypothèse cosmologique actuelle. Mais le mystère reste entier quant à savoir de quelle manière. Tout ce que nous pouvons en dire, c'est que le processus responsable de la disparition de l'antimatière doit répondre à une certaine série de conditions, établies par A. Sakharov.

Dissymétrie fondamentale entre matière et antimatière dans notre monde : dans notre belle cosmologie, il y a genèse et il y a meurtre, guerre dans le ciel. Pour 1 milliard et 1 particule, il n'y a que 1 milliard d'antiparticules... Ce petit milliardième excédentaire sert de support matériel aux étoiles et aux galaxies. Quand précisément a lieu l'élimination massive de l'antimatière ? L'annihilation se produit-elle entre quark et antiquark avant même que ne se forment protons et neutrons ? Le problème n'a pas trouvé de solution définitive.

Richesse scandaleuse du vide

Ainsi cette théorie généreuse, mère des positons et de l'antimatière, n'a pas que des conséquences heureuses, et c'est à tort que l'on pavoise dans le camp quantique. Car, dans celui des géomètres, nous en voyons qui font grise mine.

Si la théorie est un pays, tout n'est pas rose en théorie, car ce pays est divisé. D'un côté de la frontière prospèrent les matérialistes quantiques, de l'autre les géomètres cosmologues. Dans le camp quantique, on n'a pas de mots assez élogieux pour vanter la théorie éponyme des champs, qui explique et unifie les interactions électromagnétique, faible et forte, et donne aux particules une masse raisonnable. Le ciel est officiellement bleu.

Les physiciens des particules n'ont que louange en bouche, mais ils ignorent qu'une épée de Damoclès est suspendue au-dessus de leur tête couronnée de lauriers.

Λ la constante cosmologique se retourne en Vide, véritable glaive[2].

Ils vivent, nous vivons tous, sous la menace intellectuelle du vide plein. S'ils avaient raison, la densité d'énergie du vide serait titanesque et l'inflation cosmologique n'aurait jamais cessé. Quand on associe énergie du vide quantique à constante cosmologique, on a donc fatalement tort. Mais peut-on savoir où le bât blesse ? Il faudrait revenir à la racine, mais nous n'en avons pas le temps...

Filature des ectoplasmes

Des anges ou démons minuscules, fins comme des aiguilles, WIMP[3] et trous noirs primordiaux, constitutifs de la matière relativement noire, rôdent et maraudent transparents dans le ciel vide, mais fortement médité de l'astrophysique moderne. Ne pouvant leur jeter de la farine pour les faire apparaître, les physiciens cherchent désespérément les fusées éclairantes de leur trépas. Car ces ectoplasmes ne sont pas éternels. Dans l'invisible, ils brillent d'une ultime fulguration. Leurs éclairs de détresse, personne ne les a jamais aperçus. C'est peut-être faute de bonnes lorgnettes, gagent les optimistes, qui vont proclamant à tout vent que le non-vu est le prochain visible.

Annihilez-vous les uns les autres !

En toute hypothèse, lorsque deux WIMP se rencontrent, ils se donnent le baiser de la mort, s'annihilent d'amour dans un feu d'artifice de rayons gamma et de particules triviales.

---

2. Voir M. Cassé, *Énergie noire, matière noire*, Odile Jacob, 2004.

3. WIMP : *weakly interacting massive particle*. Le neutralino, issu de la supersymétrie, est le plus célèbre d'entre eux.

Les trous noirs primordiaux, quant à eux, sont censés mettre un terme étincelant à leur longue vie ombreuse en se désintégrant sous l'effet de leur excessive chaleur. En quoi au juste ? En particules de notre bas monde : neutrinos, photons, paires électron-positon et proton-antiproton rapides, observables au moyen d'instruments délicats et recherchés, sensibles et précis. Ils se rematérialisent, en quelque sorte, et la matière, tombée dans on ne sait quel arrière-monde, sort des limbes pour connaître une véritable résurrection. Il y a donc quelque chance de surprendre la fin apocalyptique des trous noirs originels et le retour au monde de la matière confisquée au début des temps.

La récompense suprême serait de dénicher ainsi les trous noirs primordiaux ou du moins ceux qui se désintègrent de nos jours pour porter la joie de Hawking à son comble. Quelle griffe tangible faut-il rechercher dans le ciel pour se convaincre de leur existence ?

Preuves d'existence

Signes et tu existeras ! Tel est le contrat entre le minuscule fossile du big-bang et le physicien de ce siècle. Pour recueillir le paraphe des plus petits et des plus vieux astres de la nature ou plus précisément leur dernier soupir, il faut satisfaire trois exigences : 1. leur présenter un parchemin digne d'eux, en l'occurrence un détecteur de particules, du genre de ceux qu'utilisent quotidiennement les physiciens des hautes énergies auprès des accélérateurs de particules ; 2. après avoir judicieusement choisi et apprêté le dispositif expérimental, le porter hors de l'atmosphère qui absorbe les signaux venus de l'espace et sert de buvard à toutes les encres sympathiques ; 3. éviter de confondre les stigmates de nos objets de prédilection avec ceux des autres gribouilleurs de ciel (rayonnement cosmique et/ou matière noire).

Moissonneuses-batteuses du ciel

La force qui tendait l'arme d'Ulysse est encore intacte dans le bras du CERN. Si la physique des particules s'apparente au tir à l'arc, l'astroparticule, plus agreste, évoque une moisson de grains cosmiques suivie d'un battage et d'un triage consciencieux. Elle se confond avec la vieille discipline de l'étude du rayonnement cosmique si l'on veut bien substituer au terme équivoquement lumineux de « rayon », l'acception plus granulaire de particules cosmiques. Le répertoire de ces entités *stables*, et donc capables de traverser des distances astronomiques recouvre les photons, électron/positon, protons/antiprotons, neutrinos/antineutrinos, et, bien sûr, les noyaux/antinoyaux d'atomes ainsi que les neutralinos qui sont, dit-on dans les cénacles théoriques, leurs propres antiparticules. Toutes ces particules, sont des messagers consciencieux qui véhiculent l'information d'un point à l'autre de l'Univers à tir plus ou moins tendu.

Crochets d'antiprotons
et droiture de photons

Au cours des dernières décennies, la physique du rayonnement cosmique est venue épauler l'astronomie pour récolter de l'information sur l'Univers environnant. Parmi tous les célestes messagers, les astronomes, après mûre réflexion, ont pu se convaincre que les rayons gamma et les antiprotons d'une énergie de l'ordre de 100 MeV seraient les signes lisibles et indubitables de l'évaporation des trous noirs primordiaux. Leur paraphe, selon les graphologues astrophysiques, serait un spectre de corps noir (ou presque) dans le domaine gamma, ce qui est totalement inusité. Les rayons gamma, quant à eux, nous informeraient sur la distribution à grande échelle (dans l'espace et dans le temps) de nos petits monstres.

Peut-être plus touchants (au sens propre du terme puisqu'ils pourraient pénétrer dans la peau des astronautes) sont les antiprotons et les antideutérons originaires des trous noirs primordiaux, nous souffle à l'oreille Aurélien Barrau. Ils ne peuvent venir de très loin, car les champs magnétiques turbulents et aléatoires qui font houle autour du système solaire les déroutent et freinent leur progression, contrairement aux rayons gamma qui volent imperturbablement en ligne droite. Partis du centre de la galaxie, par exemple, crachés par les trous noirs primordiaux qui y logent en abondance, les antiprotons perdent leur énergie au terme d'une marche brisée, en zigzag, avec des retours en arrière. Au terme de leur course en état d'ivresse, au bord de l'épuisement, ils se laissent avaler par de quelconques protons friands de leur double antagoniste et mortel. Ils partent non pas en fumée mais en rayons gamma. Ainsi les antiprotons (et leur frère les antideutons) nous renseignent-ils sur la densité locale de trous noirs primordiaux car ils ne peuvent pas venir de très loin.

Déroutés sans cesse par les champs magnétiques interstellaires, qui varient en tous sens, comme des girouettes, une fraction infime des antiprotons, qui s'ébroue dans la galaxie, têtue, se dirige en aveugle vers la Terre. Et quand ces antiparticules nous arriveront, elles auront perdu trace de leur lieu de naissance. Cette « perte de mémoire » de leur région d'origine ruine toute astronomie antiprotonique. Les photons gamma, tout au contraire, filent en ligne droite, car ils sont neutres et donc insensibles aux champs magnétiques. Pour eux, l'espace est transparent. Les photons de 100 MeV sont si pénétrants qu'ils traversent sans encombre la Voie lactée de part en part et une bonne partie de l'Univers observable. Leur direction pointe vers leur source avec une extrême droiture. De ce fait, la cartographie gamma promet de déterminer l'emplacement des nids de trous noirs primordiaux, en cours d'évaporation, si tant est qu'ils existent. Fabuleuse chasse ! Mais à quel angle faut-il pointer le télescope pour avoir les meilleures chances de les rencontrer ?

Fond de sauce extragalactique

Tous azimuts, répond la Diane astrophysique. Il y a *a priori* peu de chances que l'un d'eux parte en fumée sous notre nez et que vous puissiez en humer le fumet. Il est donc plus raisonnable de déterminer les effets collectifs de toute leur population. Ils sont partout dans l'Univers, puisqu'ils ont été créés aux tout premiers temps, mais on en suppose une concentration particulière dans les galaxies et en particulier au sein et autour de notre berceau originaire, la Voie lactée, car on peut penser qu'ils ont épousé la distribution de la matière noire, avec laquelle ils sont en sympathie gravitationnelle. Les galaxies seraient des nids à poussière (interstellaire) mais les halos sombres qui les débordent seraient des asiles de trous noirs primordiaux.

L'ensemble des trous noirs primordiaux évaporés depuis la nuit des temps devrait faire un tapis uniforme de rayons gamma, une draperie cosmique, et le ciel devrait être brillant en toutes directions, tout du moins pour les prothèses électroniques scrutant le firmament dans la bonne gamme d'énergie.

Ainsi, le fond gamma extragalactique consigne le rayonnement de tous les trous noirs primordiaux qui ont vécu avant nous. Le cri de tous les morts fait une grande clameur. Le signal est de ce fait complexe, et il a été maintes fois étudié depuis 1976 par Hawking et consorts. Des expériences embarquées à bord de satellites ont bien détecté un fond de ciel gamma extragalactique, mais les astrophysiciens, unanimement, l'attribuent au rayonnement conjugué des quasars, galaxies actives abritant un gigantesque trou noir en leur centre. Dans ces conditions, il ne reste aux minuscules trous noirs originels que la portion congrue, au mieux des miettes, au pire rien. Les entichés des trous noirs primordiaux, qui rêvaient d'en faire la somptueuse matière noire[4], ont un goût de cendre dans la bouche : leur masse collective est inférieure au milliardième de celle de l'Univers, sinon le fond du ciel gamma brillerait d'un feu excessif. Mais cela, Aurélien Barrau l'a dit de plus belle manière.

Bal au centre

Le fond gamma extragalactique a été le terrain de chasse ancestral de Hawking et sa troupe, mais nous préférerons, Roland Lehoucq et moi-même, du Centre d'études nucléaires de Saclay, battre le pavé du centre de la Galaxie et de ses environs. Nous ne ramasserons l'orchidée des trous noirs primordiaux qu'après avoir écumé tous les caniveaux de la région centrale de notre cité d'étoiles. Car où rechercher les trous noirs primordiaux gisant parmi les WIMP, sinon *down-town*, au centre-ville, dans les quartiers chauds de la Voie lactée ? La raison en est que les simulations numériques indiquent une forte concentration de matière noire en ce lieu donc, en toute logique, un fort regroupement de trous noirs primordiaux, car sujets à gravitation, ils aiment à se lover dans les endroits où la matière est concentrée, c'est-à-dire où la gravitation est accentuée. Mais le centre, bigarré, est peuplé d'astres

---

4. 30 %, environ, de la masse de l'Univers.

turbulents et fantasques, susceptibles d'accélérer des protons et des électrons, lesquels à leur tour, en interagissant avec les nuages d'hydrogène et la lumière locale sont capables de produire des rayons gamma aveuglants.

De ce fait, l'identification des bons signaux dans la touffeur de cette région demande une soustraction précise de l'émission galactique diffuse due aux rayons cosmiques circulant en cet endroit central, et interagissant avec la matière et la lumière qui y prolifèrent. Quels sont leur nombre et leur distribution dans l'espace ?

Nous formerons l'hypothèse raisonnable que la distribution des trous noirs suit celle du halo de matière noire, laquelle a été calculée de sorte à expliquer la manière dont les étoiles tournent autour du centre de la galaxie comme dans un grand carrousel. Les modèles diffèrent généralement mais ils s'accordent au moins sur un point. La matière noire se concentre au centre de la Voie lactée. Les minitrous noirs créés dans le big-bang ont donc logiquement toutes les chances de s'y réfugier, nous le répétons.

Voilà décrit l'habitat des trous noirs et la répartition galactique. Mais quelle en est la quantité ? On peut en obtenir une limite supérieure en faisant valoir benoîtement que, s'ils étaient trop nombreux, le ciel gamma serait rayonnant dans des endroits où il est sombre. La théorie prétend qu'il existe une vaste sphère, un halo galactique garni de matière noire (et donc de minitrous noirs, en toute hypothèse), nous verrons bien si le ciel gamma est rond ou rectangulaire.

Carte et spectre du ciel gamma

Consultons les données du satellite américain d'observation gamma EGRET, puisqu'elles sont à notre disposi-

tion[5]. Le rayonnement gamma galactique est essentiellement le traceur des interactions du rayonnement cosmique
(constitué d'électrons et protons rapides en majorité) avec
la substance lumineuse ou matérielle qui flotte entre les
étoiles. Qu'y voit-on ? Un ciel tout plat, dessinant la galaxie
sur la tranche, et quelques points épars qui figurent pour la
plupart des quasars lointains, mais rien qui ressemble à un
halo (de matière noire ou de trous noirs primordiaux). La
carte du ciel dressée par EGRET est désespérément orphe-
line de trous noirs.

L'image est vide. Tournons-nous donc vers le spectre. Le
spectre caractéristique de l'émission des trous noirs (c'est-à-
dire le nombre de photons à telle ou telle énergie) est réputé
thermique. Mettons-le en regard avec le spectre observé, la
comparaison sera édifiante. On ne distingue sur le spectre,
pas plus que sur l'image, aucun signe positif de l'existence de
trous noirs primordiaux en phase d'évaporation. Ceci corrobore la conclusion de leur insignifiance cosmique, voire de
leur inexistence. C'est la raison pour laquelle Stephen Hawking n'a jamais fait le voyage de Stockholm.

La bonne graine d'antiprotons

Douché l'enthousiasme ! Cherchons ailleurs, du côté
des antiprotons, puisque c'est le dernier espoir des aficionados des trous noirs primordiaux. On s'époumone autour
de nous à dire que le spectre des antiprotons pourrait
contenir la signature de processus exotiques (annihilation de
WIMP, évaporation de trous noirs primordiaux). Acceptons-
en l'augure. Les détecteurs de particules déployés dans
l'espace sont comme des papilles qui goûtent le rayonne-

---

5. Ce que nous avons fait avec Jean-Luc Casandjian et Isabelle Grenier,
que soient remerciés les arpenteurs de la Voie lactée.

ment cosmique pour en déduire la composition. Une pluie de particules s'abat en permanence sur les couches élevées de l'atmosphère, tendons la langue : on y distingue un goût prononcé de protons avec une pincée d'antiprotons. Une chose saute aux yeux des tastevins du ciel : la rareté des antiprotons. Dans la mesure où la proportion antiprotons/protons est inférieure à 1 pour 10 000 dans le rayonnement cosmique, dans le domaine d'énergie 100 MeV-10 GeV, alors que les trous noirs devraient en produire des quantités égales, on est amené à conclure, comme précédemment, à une grande rareté ou une quasi-absence de ces mini-astres. La fraction de la densité locale de matière noire sous forme de trous noirs primordiaux est infime. On retrouve la limite fatidique du milliardième obtenue par le truchement des rayons gamma.

Astronomes de l'invisible, unissez-vous !

Mauvaises nouvelles pour les amateurs de trous noirs primordiaux ! Mais ce n'est pas pour autant qu'il faut baisser les bras, car la détection d'une poignée d'entre eux, voire d'un seul, suffirait à déclencher une totale révolution dans la physique. Tout comme la découverte d'un extraterrestre et d'un seul suffirait à bouleverser notre vision du monde. C'est la raison pour laquelle il ne faut pas abandonner la recherche des trous noirs primordiaux, mais au contraire l'accentuer, car l'enjeu théorique est immense. À cette fin, une véritable armada céleste est prête à appareiller pour prendre le ciel et poursuivre la quête des gamma et antiprotons réunis. Entre-temps, pour garder la foi (toute scientifique), il nous faut sinon une messe, tout au moins un petit réconfort intellectuel.

Messe moussante

Rêveurs d'oxymores de tous pays, recueillons-nous : la découverte de Hawking selon laquelle les trous noirs tiennent leur caractère fuligineux d'effets quantiques non moins fumeux est certainement l'une des plus importantes du XXe siècle, par ses conséquences autant philosophiques que physiques.

Bouleversant la représentation de la (gravité de) la mort dans le ciel et celle des choses et des êtres, elle pousse à un changement de paradigme métaphysique : les trous noirs ne sont plus éternels. Évaporés ou plutôt susceptibles d'évaporation, ils appartiennent désormais à la catégorie des futiles, légers, superficiels, insignifiants, changeants, fuyants, inconsistants, étourdis, insouciants, fluctuants, inconstants, volages, capricieux, coquets. La transgression langagière qu'autorise la mécanique quantique les atteint en plein cœur ! Cette mécanique de l'incertitude ne respecte rien. Ni la mort du petit chat (de Schrödinger) ni celle des astres. Ils ne reposeront pas en paix.

Dans une même tête, trois théories disparates se sont harmonisées. Dans le ciel de la physique, trois planètes, quantique, relativiste et thermodynamique, ont fait système. En tant que charte unificatrice, la pensée de Hawking a inspiré de profondes réformes à des pans entiers de la civilisation physicienne : la cosmologie primordiale (car les trous noirs placent des limites aux fluctuations de densité de matière/énergie dans l'Univers naissant), l'astrophysique des hautes énergies (car ils injecteraient dans l'espace des photons, antiprotons et neutrinos de haute énergie) et la gravité quantique (la physique des trous noirs rayonnants peut être considérée conceptuellement comme un pas timide dans sa direction).

Les minitrous noirs servent à plonger la sonde dans les temps premiers (10^{-23} seconde après le temps zéro de convention), les plus rapprochés du big-bang qui fassent encore sens. Le cosmologue en tire satisfaction. Mais le physicien soucieux de gravité quantique, à proprement parler, n'est que mis en appétit, car Hawking ne fait qu'en décliner certaines conséquences, sans pour autant en dessiner les contours. Il ne sort pas des sentiers battus et n'ajoute aucun élément radicalement nouveau dans l'analyse de l'espace-temps, à la différence des théoriciens des cordes et des boucles.

Dans la pensée cordelière, en particulier, l'élément novateur est l'existence de dimensions supplémentaires, ce qui boute le feu jusque dans la physique des particules. Le trou noir multidimensionnel constitue donc la fine pointe de la modernité en physique, car, toute spéculative qu'elle soit, elle offre des possibilités de vérification expérimentale (CERN) ou observationnelle (astrophysique). C'est en cela qu'elle n'est point malsaine et qu'elle nous écarte des polémiques autour des supercordes qui apparaissent aujourd'hui bien vaines.

Du ciel à la cave

Aux supercordes et membranes nous avons joué somptueusement et vibré voluptueusement à leurs 10 ou 11 dimensions. Nous avons élargi l'analyse au *pluriciel* ($n = 7$). Nous ne sommes pas allés au-delà de 7, ce ne serait pas raisonnable, car la théorie M, mère des supercordes, indique que le nombre de dimensions supplémentaires ne peut excéder ce chiffre.

Il s'est donc avéré accidentellement que, dans l'espace-temps à 11D, préconisé par les cordeliers-branaires, abolitionniste des hiérarchies, les trous noirs se comportaient comme de vulgaires objets à 4D. De fait, que n soit égal à 0 ou à 7, chaque trou noir qui passe de vie à trépas à la seconde même, au terme de sa longue vie (13,7 milliards d'années), se désintègre en émettant des rayons gamma de 100 MeV d'énergie, environ, avec une luminosité de l'ordre de 10^{17} erg/s. Mais de ceci nous n'avons pas vu un iota. On en conclut provisoirement que si les trous noirs primordiaux ont quelque chance d'exister, ils n'ont pas été réalisés (produits) en abondance *jusqu'ici* dans l'Univers réel. Mais on ne peut exclure que la théorie qui les accrédite soit fausse et donc qu'ils sont *impossibles*.

Possibles ou impossibles ? L'astrophysique seule ne peut statuer.

LE LHC OU L'USINE À TROUS NOIRS

Nouvelle merveille du monde

Un espoir s'est estompé : celui de révéler les indices de la théorie M en analysant la lueur des (mini)trous noirs dans le ciel au moyen de télescopes gamma satellisés. Cependant, un autre espoir renaît. Même si les minitrous noirs sont des composantes négligeables de l'Univers (moins d'un milliardième en masse), la découverte du moindre signal émanant d'eux en laboratoire serait le signal de la révolution que tous les physiciens appellent de leurs vœux. Et le flambeau de l'espérance est passé des mains des observateurs (astrophysiciens) à celles des expérimentateurs (physiciens) du CERN. Ceux-ci fourbissent des instruments géants afin de lever un coin du voile, de révéler des ectoplasmes dans la violence des chocs qu'ils fomentent à grands frais : boson de Higgs, particules supersymétriques, particules de Kaluza-Klein, minuscules trous noirs.

Au CERN, on cerne au plus près la nature profonde de la matière et des forces. On prend, pour ainsi dire, des photographies des particules élémentaires, mais les appareils de prise de vue pèsent plusieurs milliers de tonnes.

Car, pour voir petit, il faut de très gros dispositifs. Au moyen du Large Hadron Collider (LHC), le grand collisionneur de hadrons, on accélérera des protons pour les porter à une vitesse proche de celle de la lumière, non pas pour battre un record de vitesse, mais pour atteindre les plus hautes densités d'énergie et répondre à une mission de connaissance. Ce n'est pas tant l'énergie qui compte que sa concentration, puisque chaque proton volant ne porte pas plus d'énergie qu'un moustique, dit la brochure du CERN. Il s'agit de produire des collisions de particules qui concentrent l'énergie dans de petits volumes et d'obtenir des densités d'énergie semblables à celles qui régnaient dans la fournaise du big-bang. Le but est de reconstruire le commencement pour répondre à des questions fondamentales sur l'Univers : comment les particules ont-elles acquis leur masse ? Existe-t-il un supermonde symétrique du nôtre où flottent des particules invisibles ? Existe-t-il des dimensions supplémentaires ? En quel nombre et de quelle taille ?

Des équipes de physiciens de la planète entière analyseront les particules issues des collisions de deux faisceaux de protons de 7 GeV circulant en sens inverse. Le défi posé aux nouveaux chercheurs d'or ou d'aiguille dans une botte de foin sera de démêler les millions de collisions par seconde pour en extraire une information capitale sur les bosons de Higgs, la matière noire et les extra-dimensions de l'espace. Dans un but de divulgation ou de révélation, les physiciens comptent sur le jaillissement de particules inusitées et, pour ainsi dire, la vibration des dimensions jusqu'alors inconnues. Chercheurs d'anguilles sous roche, à vos cuissardes !

À ces fins, les protons sont conduits dans leur folle course annulaire par d'énormes aimants supraconducteurs refroidis à 1,9 K, température inférieure à celle de l'espace interstellaire. Tout est frappé de gigantisme dans cette cave circulaire de 27 kilomètres de longueur. Les instruments sont hauts comme des immeubles. ATLAS[1] et CMS[2] sont des détecteurs versatiles et polyvalents qui poursuivent à la fois les trois buts affichés (Higgs, supersymétrie, extra-dimensions), mais au moyen de techniques différentes. Des milliers de scientifiques collaborent à ces expériences. Oui, la force qui tendait l'arc d'Ulysse est bien intacte dans le bras du LHC.

Gravitons massifs

Branle-bas de combat à Genève ! Quelle autre signature expérimentale doit-on se préparer à recevoir en provenance de l'arrière-monde des branes ? Une deuxième possibilité est l'apparition/création de nouvelles particules, appelées particules (gravitons) de Kaluza-Klein. Ces états excités sont des conséquences de l'existence d'extra-dimensions bouclées : lorsqu'il y a boucle, pourrait-on dire, il y a particule.

Ce qui fait des boucles (des orbites) autour des noyaux d'atomes, ce sont les électrons. Le moment angulaire (mvr) est quantifié (l'Action). Qu'est-ce qui fait des boucles dans les extra-dimensions ? Les gravitons. On voit se dessiner toute une succession, dite tour de Kaluza-Klein, de particules de masses étagées qui montent jusqu'au plafond. Toutes n'ont pas été produites, en réalité, car les masses à partir d'un étage donné dépassent, en toute probabilité, la température de l'Univers primordial.

---

1. A Toroidal LHC ApparatuS (46 mètres de long, 25 de large, 25 de haut) est le plus grand détecteur jamais construit dans le monde. Son poids est 7 000 tonnes.

2. Compact Muon Solenoid (Solénoïde compact pour muons) mesure 21 mètres de long, 15 de large et 15 de haut. Son poids est de 12 500 tonnes.

Quelles sont, parmi tous ces possibles, les particules qui ont été et/ou seront réalisées ? Au CERN ? Dans l'Univers ? Tout dépend de l'énergie disponible. Le CERN portera jusqu'à 14 TeV...

Ces états excités sont des conséquences de l'existence des extra-dimensions (chapitre 6). On peut le comprendre au moyen d'une analogie aquatique. Imaginons une piscine très allongée, mesurant 1 millimètre de largeur. La longueur est l'analogue des dimensions d'espace dont nous avons tous l'expérience et la largeur d'une dimension supplémentaire. Dimension étendue et dimension resserrée font partie intégrante d'un même espace (en l'occurrence celui de la piscine). Les vaguelettes qui se propagent dans la direction longue peuvent posséder toutes les longueurs d'onde. Cependant, il est plus difficile d'exciter les onde dans la direction étroite. En fait, les ondes, pour exister, doivent être plus petites que 1 millimètre. Mais les plus courtes sont les plus énergétiques. Aussi une longueur d'onde de 1 millimètre correspond-elle au premier état de Kaluza-Klein, tandis que le deuxième état correspond une longueur d'onde de 0,5 millimètre.

Les extra-dimensions qui ne sont ouvertes qu'à la gravité pourraient ainsi se révéler par le biais de l'émission de gravitons de Kaluza-Klein dans le *bulk* (espace-temps complet). Échappant à la détection, ces particules transporteraient avec elles une énergie qui manquerait au bilan global. Il en résulterait un déficit dans le bilan énergétique qui trahirait l'existence de ce nouveau type de particules.

Un processus typique impliquerait la collision de deux protons de très haute énergie. De ce choc jailliraient des jets de particules plus un graviton, qui serait émis dans le *bulk* et s'échapperait de notre brane. Comme l'énergie du graviton ne serait pas enregistrée, le signe de son existence serait un déficit dans le bilan des énergies. La somme des énergies des deux protons d'entrée serait inférieure à la somme des énergies (cinétique et de masse) des particules enregistrées après collision. Si tel est le cas, on pourra dire qu'un graviton massif (de Kaluza-Klein) est passé, ou peut-être plusieurs. Ou plus exactement, qu'il a été créé et s'est envolé dans l'arrière-monde. Les physiciens du Centre européen de recherche nucléaire fourbissent déjà leurs instruments[3].

Seuil de Fermi

Le Large Hadron Collider (LHC), conçu aux alentours de 1984 et approuvé dix ans plus tard, devrait permettre l'exploration du domaine d'énergie de Fermi (100 GeV-1 TeV), zone cruciale s'il en est, car c'est là que confluent les interactions électromagnétique et faible. Cet eldorado sera atteint par collision de protons précipités les uns contre les autres à des énergies folles (14 téraélectronvolts) et à des fréquences énormes[4]. Le LHC déjà entré en service devrait atteindre progressivement sa « luminosité[5] » optimale de 10^{34} protons par cm^2 et par seconde. Mais son premier cri, sa première collision (14 TeV), a été ravalé. Mais ce n'est que pour mieux chanter. Jalon historique dans l'histoire de la physique des particules, ce collisionneur devrait permettre de comprendre la physique à l'énergie du téraélectronvolt.

Au cours de la première année de fonctionnement, un nombre énorme d'événements seront enregistrés et mis à la

---

3. Voir le site du CERN.

4. Excédant de beaucoup les capacités du meilleur accélérateur actuel le Tevatron (E = 2 TeV, taux de collisions 100 fois inférieur).

5. Par analogie avec une bougie ou une lampe de poche, sauf que les photons sont remplacés par des protons.

disposition de ceux qui veulent raffiner le modèle standard. Cette tâche est utile car elle permettra de déceler d'autant mieux les déviations par rapport à la normale et d'identifier la nouvelle physique. La machine et les détecteurs seront réglés de manière optimale, les programmes informatiques débarrassés des cafards... Et les physiciens fouleront peut-être les plages d'énergie où gisent les étoiles de mer des trous noirs.

Prendre la température d'un trou noir

Quelle est la marche à suivre, dans le cas où nous assisterions ravis à la création de trous noirs miniatures ? Et d'abord quel en sera le signe ? La multiplicité de particules de haute énergie, notamment dans la direction perpendiculaire au faisceau, constituerait une signature très distinctive de la désintégration des microtrous noirs. Pour déduire l'information utile, on devra déterminer avec la meilleure précision possible : i) la masse du trou noir à partir de la mesure d'énergie de toutes les particules que libère sa désintégration ; ii) sa température, à travers le spectre des photons et électrons. Des particules parasites ne provenant pas directement de l'évaporation du trou noir viendront obscurcir le spectre. L'analyse des données ne sera pas de tout repos, mais nous pouvons faire confiance aux physiciens des particules qui savent défaire les écheveaux les plus embrouillés.

Trous noirs et instabilité du vide

Certaines frayeurs se sont manifestées peu avant la mise en service du collisionneur RHIC (Relativistic Heavy Ion Collider) aux États-Unis. Il était destiné à projeter foule de noyaux d'or sur d'autres noyaux d'or avec une violence inusitée. Le prophétisme apocalyptique a trouvé une nouvelle fois l'occasion de s'exprimer. Des terreurs venues d'un autre âge... Les trous noirs et la déstabilisation du vide figuraient en tête de liste, comme à l'accoutumée. Chaque fois que s'ouvre une nouvelle frontière vers les hautes énergies, le problème du basculement du vide et de la création de trous noirs doit être reconsidéré.

Vide à bascule

Les physiciens sont formés dans l'idée que l'espace vide est en réalité un milieu hautement structuré qui est susceptible d'exister dans différents états et d'en changer sous l'effet d'une sollicitation violente, à l'instar de l'eau. On pourrait imaginer un vide solide, un vide liquide et un vide gazeux. Certains ont pu craindre que notre vide actuel soit métastable et puisse basculer sous l'effet d'une perturbation violente, comme le choc de deux particules d'énergie extrême. Une transition de ce genre s'étendrait dans tout l'espace à la vitesse de la lumière, laissant derrière elle chaos et désolation. Le vide de l'interaction forte semble le mieux installé, mais celui de l'interaction faible serait le plus vulnérable, le plus friable. C'est du moins ce que la théorie semble indiquer, mais elle n'est pas solidement établie.

Dans la même veine catastrophiste, on a pu craindre qu'un trou noir créé de main d'homme n'avale la Terre et tous ses habitants... Des effets gravitationnels exotiques pourraient se produire à des densités immenses. La peur s'exprime que les physiciens puissent déclencher une catastrophe incommensurable en jouant aux apprentis sorciers. Mais ce que nous faisons ici, la nature l'a fait ailleurs, à de multiples reprises, et elle a survécu.

Dangers fictifs

Des commissions de physiciens ont écarté la menace potentielle sur des bases scientifiques simples et très sûres. Elles allèguent notamment que des chocs de particules de très haute énergie ont eu lieu dans la nature à maintes reprises et que le monde n'a pas disparu pour autant ! Un phénomène incontestable vient, en effet, nous rassurer : les rayons cosmiques qui sont entrés en collision avec le milieu interstellaire et/ou les planètes et les astres (y compris les naines blanches et les étoiles à neutrons) depuis l'aube des temps n'ont rien produit de catastrophique. Bien plus énergétiques que les particules accélérées au CERN et ailleurs, ils n'ont pas déclenché l'apocalypse redoutée. Il est donc raisonnable de conclure que la physique ne va pas basculer à quelques TeV pour devenir monstrueuse ou brutalement se briser à cette énergie-là. L'anxiété qui s'est exprimée avant la mise en service de l'accélérateur RHIC aux États-Unis, et celle du LHC en Europe, et qui a été levée par des rapports officiels tenait à une incompréhension des collisions de « haute énergie », terme trompeur s'il en est, puisqu'une particule du CERN n'a pas plus d'énergie qu'un moustique. Ce n'est pas tant l'énergie qui compte, mais sa densité. Il est donc essentiel de distinguer les deux concepts et de démystifier le soi-disant danger que font planer les accélérateurs de particules sur l'humanité.

Trous noirs et rayonnement cosmique

Mais revenons au ciel et à la belle nature. Si les extra-dimensions et la gravité forte à basse énergie ne sont pas des fantasmes, alors une kyrielle de trous noirs devrait être produite dans les collisions de particules de haute énergie, accélérées naturellement.

Si la gravité devenait forte au-dessus du TeV, les rayons cosmiques d'énergie extrême devraient offrir l'opportunité de prendre en flagrant délit la production de trous noirs à énergie superplanckienne (au-dessus de l'échelle de Planck). Ce qui permettrait à de gigantesques détecteurs déployés sur le sol d'enregistrer des signes éventuels de gravité forte (au TeV et au-dessus) et d'extra-dimensions. Un signal particulièrement prometteur est fourni par celui que les interactions des neutrinos cosmiques de très haute énergie avec l'atmosphère qui devraient substituer à la physique des particules celle des trous noirs (10 à 100 fois plus probables que les interactions « classiques » prévues par le modèle standard). Ces trous noirs devraient se désintégrer promptement pour produire une distribution thermique de particules ordinaires, une sorte de boule, de feu, si l'on préfère.

Des rayons cosmiques surpuissants, de 10^{19} eV d'énergie, ont déjà été enregistrés par le biais des grandes gerbes qu'induit leur choc avec l'atmosphère, mais ils sont extrêmement rares, d'autant moins fréquents que leur énergie est élevée. Ils interagiraient avec l'atmosphère terrestre à des énergies jamais atteintes par aucun accélérateur[6] fait de main d'homme. L'observatoire Pierre-Auger[7] devrait être capable d'observer une centaine de trous noirs en cinq ans. *Patience, patience dans l'azur...*

---

6. 100 TeV dans le centre de masse.
7. Voir les présentations d'Étienne Parizot sur ArXiv.

Va-et-vient entre l'idéal et le réel

La quête des petits trous noirs est l'une des plus fondamentales et des plus exigeantes qui soient. Il est crucial pour l'astrophysique, la cosmologie et plus généralement la compréhension de notre monde, de savoir si ces objets existent ou non. Les ectoplasmes sont dans l'attente d'une prochaine révélation. Des myriades de petits monstres invisibles devraient jeter dans les nues des antiprotons et des rayons gamma en tous sens, mais nous n'en avons recueilli aucune trace. L'humanité n'est qu'au début de sa quête des trous noirs rayonnants. Un jour, peut-être, nous verrons et nos yeux se dessilleront ! Au ciel orageux de la théorie succéderont les jours amollissants et alanguissants de l'expérience et de l'observation. Et les trous noirs qui ont pris ici corps et couleur et étendu leurs branches et tentacules dans les extra-dimensions seront peut-être reconnus comme des cornes d'abondance de particules et de rayonnements. Alors, rayonnant un sourire, ils rendront heureux les physiciens au milieu des flammes.

Réjouissons-nous. La physique ouvre avec deux bouteilles de champagne sa fête : 2008 a marqué une ère nouvelle avec l'entrée en service du LHC et le lancement de FERMI.

CONSTANTE FONDAMENTALES

Dans cette table, elles sont données en unités MKS (mètre-kilogramme-seconde) pour se racheter de les avoir étalées en unités CGS (centimètre-gramme-seconde) plus anciennes, dans le texte, et pour échapper aux foudres des métrologistes.

Quantité	symbole	valeur	unité	usage
Constante de Boltzmann	k	$1{,}380658.10^{-23}$	JK^{-1}	$E = kT$
Constante de Stephan Boltzmann	σ	$5{,}67051$	$Wm^{-2}K^{-4}$	$L = 4\pi R^2\, \sigma T^4$
Constante de structure fine	α	$1/137$		$\alpha = e^2/\hbar c$
Constante de Planck	h	$6{,}6260755.10^{-34}$	Js	$E = h\nu$
Constante de la gravitation	G	$6{,}67259.10^{-11}$	$m^3kg^{-1}s^{-2}$	$E = -\,GM/R$
Vitesse de la lumière	c	$2{,}997924.10^{8}$	ms^{-1}	$l = ct$
Masse du Soleil	$M_\odot$	$1{,}98843.10^{30}$	kg	
Rayon du Soleil	$R_\odot$	$6{,}9599$	m	
Masse de Planck (4D)	m_{pl}	$2{,}17671.10^{-8}$	kg	
Longueur de Planck	l_{pl}	$1{,}61605.10^{-35}$	m	
Temps de Planck	t_{pl}	$5{,}39056.10^{-44}$	s	

GLOSSAIRE

Bébé Univers. Univers fermé, indépendant, qui dans le temps imaginaire est connecté au nôtre par un trou de ver.

Boson. Particule de spin entier qui n'obéit pas au principe d'exclusion de Pauli.

Brisure de symétrie. Processus physique qui fait passer d'un état symétrique à un état qui ne l'est pas.

Brane. En théorie M, objet fondamental spécifié par son nombre de dimensions spatiales (par exemple, une dimension définit une corde, deux une membrane).

Champ. Entité étendue et variable, quantité physique qui peut être définie dans une région particulière de l'espace-temps, comme un champ magnétique ou un champ gravitationnel.

Champ électrique. Influence qui s'exerce aux alentours de toute charge électrique.

Champ de Higgs. Champ quantique (et particule correspondante) théoriquement responsable de la masse des particules élémentaires.

Champ électromagnétique. Combinaison de champs électrique et magnétique. Les vaguelettes de ce champ prennent figure de photons, particules lumière.

Champ magnétique. Champ de force qui entoure les aimants et les courants électriques bouclés.

Champ scalaire. Champ dont la propriété essentielle est qu'il prend différentes valeurs en différents points de l'espace-temps.

Complémentarité des trous noirs. Principe de complémentarité de Niels Bohr appliqué aux trous noirs.

Constante de Planck. Quantum d'action, $h = 6{,}6260755 . 10^{-34}$ Js met en rapport énergie et fréquence des rayonnements ($E = h\nu$) et gouverne relations d'incertitude entre couples position-impulsion et temps-énergie.

Constante de Boltzmann. Quantum d'information, $k = 1{,}380658 . 10^{-23}$ JK^{-1}. Met en relation énergie et température ($E = kT$). Unité d'entropie $S = k \, \text{Ln} \, W$.

Constante de Stephan-Boltzmann. $\sigma = 5{,}67051 \text{Wm}^{-2}\text{K}^{-4}$. Permet de calculer la luminosité de tout objet en équilibre thermodynamique : $L = 4\pi R^2 \sigma T^4$, en supposant qu'il est sphérique.

Constante de la gravitation universelle. $G = 6{,}67259 . 10^{-1} \, \text{m}^3\text{kg}^{-1}\text{s}^{-2}$ dans un espace-temps 4D. Cette constante prend des valeurs différentes s'il existe des dimensions supplémentaires.

Corps noir (rayonnement de). Rayonnement électromagnétique émis par un corps non réfléchissant sous la seule influence de sa chaleur.

Courbure. Inflexion de l'espace-temps.

Cosmologie. Étude scientifique de la structure, de la composition et de l'évolution de l'Univers.

Cosmologie inflationnaire. Proposition selon laquelle l'Univers a connu une période d'expansion exponentielle.

D-brane. Surface sur laquelle se fixe l'extrémité d'une corde.

Déterminisme. Principe classique miné par la mécanique quantique selon lequel le futur (le passé) est complètement déterminé par le présent.

Dualité. Relation entre deux descriptions apparemment différentes du même système.

Effet Casimir. Attraction observée entre deux plaques conductrices métalliques sous vide, qui met en évidence l'existence de particules virtuelles.

Effet Doppler. La longueur d'onde de la lumière paraît allongée (décalée vers le rouge) lorsque sa source s'écarte de l'observateur, alors qu'elle paraît raccourcie lorsque la source s'en rapproche (décalée vers le bleu).

Effet tunnel. En mécanique quantique, capacité que possède une particule de passer d'un côté d'une barrière à l'autre sans avoir l'énergie requise pour la sauter.

Énergie du vide. Énergie contenue dans la trame de l'espace-temps.

Énergie noire. Énergie mystérieuse qui constitue 73 % de l'Univers et qui est responsable de l'accélération actuelle de son expansion.

Entropie. Désordre d'un système physique relié au nombre de configurations microscopiques que celui-ci peut prendre. Mesure de l'information cachée. Souvent stockée dans des objets trop petits et nombreux pour qu'on puisse la décrypter.

Équations du champ d'Einstein. Équations de base de la relativité générale qui déterminent la manière dont la matière et l'énergie déforment l'espace-temps.

Espace-temps. Trame quadridimensionnelle de l'Univers qui résulte de l'alliage des trois dimensions de l'espace et de la dimension unique du temps.

Événement : point dans l'espace-temps.

État fondamental (encore appelé « vide »). État d'un système quantique doté de l'énergie la plus faible possible. Souvent identifié à l'état de température absolue nulle.

État excité. Tout autre état que l'état fondamental.

Fermion. Particule dont le spin est un multiple de 1/2 et qui obéit au principe d'exclusion de Pauli.

Flèche thermodynamique du temps. Fait que l'entropie croisse au cours du temps.

Gravité quantique. Tout modèle scientifique qui essaie d'allier la mécanique quantique à la relativité générale.

Homogène. Qui paraît le même à tous les endroits.

Horizon des événements. Frontière d'un trou noir : surface dont rien ne peut s'échapper selon la notion classique de trou noir.

Information. Ensemble de données qui distinguent une manière d'être d'une autre. Mesurée en bits.

Interaction nucléaire faible. Force fondamentale de la nature qui gouverne la radioactivité.

Interaction nucléaire forte. Force fondamentale de la nature qui gouverne la manière dont les quarks se combinent pour former les protons et neutrons.

Invariance de Lorentz. Principe de la relativité restreinte stipulant que les lois de la physique restent identiques dans tous les référentiels inertiels.

Isotrope. Qui paraît le même en toutes directions.

Ligne d'Univers. Trajectoire d'un objet dans l'espace-temps.

Lois de la thermodynamique. Première loi : conservation de l'énergie.
Deuxième loi : non-décroissance de l'entropie.

Longueur de Compton. Rayon de l'onde associée à une particule se mouvant à la vitesse de la lumière (h/mc).

Longueur d'onde. Distance entre deux crêtes d'une onde.

Matière baryonique. Matière normale composée de protons et de neutrons.

Matière noire. Matériau invisible dont la présence n'est connue que par les effets gravitationnels qu'il a sur les objets visibles comme les étoiles.

Mécanique quantique. Ensemble de lois scientifiques qui gouvernent les interactions microscopiques des particules fondamentales et des atomes.

Mécanique quantique relativiste. Dirac en 1929 a étendu l'équation de Schrödinger pour la rendre compatible avec l'invariance de Lorentz.

Métriques compactes. Espaces-temps clos, fermés sur eux-mêmes, et donc de taille finie (comme la surface d'une sphère).

Modèle du big-bang. Théorie scientifique qui concerne la création de l'Univers dans une grande « explosion », il y a approximativement 14 milliards d'années.

Modèle standard. Somme des principes de base de la théorie de grande unification et de la physique des particules.

Naine blanche. Étoile solide maintenue par la pression de ses électrons.

Ondes électromagnétiques. Perturbation de l'espace en forme de vague constituée d'un champ électrique et d'un champ magnétique croisés : lumière !

Paires virtuelles. En vertu du principe d'incertitude de Heisenberg, une particule et son antiparticule peuvent être temporairement extraites du vide quantique et doivent s'annihiler au bout d'un temps très court pour ne pas contredire le principe de conservation de l'énergie totale.

Paradoxe de l'information des trous noirs. Idée selon laquelle il y a perte permanente d'information sur les propriétés des objets qui tombent dans les trous noirs, en contravention avec la mécanique quantique.

Physique classique. Physique qui ne tient pas compte de la mécanique quantique.

Physique semi-classique. Quantifie la matière et l'énergie mais pas l'espace-temps.

Physique des particules. Étude scientifique des pierres de construction fondamentales de la nature, comme les électrons et les quarks.

Principe d'incertitude de Heisenberg. Principe de mécanique quantique qui stipule qu'il est impossible de connaître avec certitude à la fois la position et l'impulsion d'une particule, ou bien l'énergie d'un phénomène et sa durée.

Principe d'équivalence. Principe édicté par Einstein selon lequel la gravité ne peut être distinguée de l'accélération.

Principe d'exclusion de Pauli. Concept propre à la mécanique quantique selon lequel deux fermions identiques (par exemple deux électrons) ne peuvent occuper le même état quantique en même temps.

Principe holographique. Principe selon lequel toute l'information d'une certaine région de l'espace-temps réside à sa surface.

Problème de la hiérarchie. Question de savoir pourquoi la gravité est tellement faible par rapport aux autres forces fondamentales de la nature.

Rayon de Schwarzschild. Taille de l'horizon des événements d'un simple trou noir (sans rotation ni charge électrique) = $2GM/c^2$ dans un espace-temps à 4D.

Rayons gamma. Ondes électromagnétiques les plus énergétiques.

Rayonnement cosmologique de fond (fossile). Résidu omniprésent du big-bang qui s'est refroidi au cours du temps pour atteindre la température actuelle de 2,7 K.

Rayonnement de Hawking. Rayonnement émis par les trous noirs. Plus la masse du trou noir est basse, plus la température et l'intensité de son rayonnement sont élevées.

Relativité générale. Théorie de la gravité d'Einstein qui considère un espace-temps ductile et apte à se courber.

Singularité. Point où la courbure de l'espace-temps est si extrême que la relativité générale ne s'y applique plus, les exemples les plus connus en sont le big-bang et le centre des trous noirs.

Supercorde. Corde qui donne naissance aussi bien à des bosons qu'à des fermions.

Supergravité. Théorie scientifique qui combine la supersymétrie et la relativité générale.

Supernova. Événement explosif mettant un terme à la vie d'une étoile massive ou d'une naine blanche qui absorbe la substance de son compagnon.

Supersymétrie. Théorie scientifique qui explique la relation entre bosons et fermions.

Température de Hawking. Température d'un trou noir vu à distance.

Théorème d'unicité. Preuve mathématique du nombre limité d'attributs que peut porter un trou noir (masse, moment angulaire, charge électrique).

Théories de grande unification. Modèles scientifiques qui expliquent la manière dont les interactions forte, faible et électromagnétique sont toutes reliées dans des conditions de température extrême (telles que celles qui prévalurent dans l'Univers primordial).

Théorie M. Théorie multidimensionnelle qui inclut celle des cordes et de la supergravité en tant que cas particulier et dont les propriétés de base ne sont pas encore comprises.

Théorie de la relativité générale. Explication de la gravité présentée par Einstein en termes de déformation de l'espace-temps par la présence de matière et d'énergie.

Théorie de la relativité restreinte. Explication conçue par Einstein du fait que les lois physiques paraissent les mêmes à tous les observateurs qui se déplacent à vitesse constante les uns par rapport aux autres.

Théorie de tout. Théorie scientifique qui vise à accomplir l'unification formelle des quatre interactions fondamentales et à décrire les conditions de l'Univers primordial.

Théorie des cordes. Théorie scientifique qui envisage que les particules élémentaires sont les différents modes de vibration de minuscules objets à une dimension.

Thermodynamique. Lois qui gouvernent le comportement statistique de grands systèmes d'atomes, y compris la chaleur et les transferts d'énergie.

Trous noirs. Objets si massifs que la lumière ne peut en sortir.

Trous noirs primordiaux. Minuscules trous noirs que Hawking pense formés dans l'Univers primordial.

Univers fermé. Univers qui finit par s'effondrer sur lui-même parce que l'attraction gravitationnelle de toute la matière et de toute l'énergie qu'il contient est supérieure à la force expansive du big-bang.

Univers plat. Univers dans lequel la force de gravité est parfaitement contrebalancée par la poussée initiale du big-bang.

Univers ouvert. Univers qui s'étendra toujours car l'attraction gravitationnelle de la matière/énergie qu'il contient est inférieure à la force expansive du big-bang.

Vitesse d'échappement. Vitesse minimale à laquelle un projectile échappe à la retombée sur un objet massif.

Vide. État d'un système d'énergie la plus basse possible.

BIBLIOGRAPHIE

Abbot Edwin, *Flatland*, Anatolia, 1995.

Audouze Jean, Cassé Michel et Carrière Jean-Claude, *Conversations sur l'invisible*, Plon, 1996.

Balibar Françoise, *Einstein. La joie de la pensée*, Gallimard, « Découverte », 1993.

Basdevant Jean-Louis, Dalibard Jean et Joffre Manuel, *Mécanique quantique*, Ellipses, 2006.

Basdevant Jean-Louis et Koskas Thierry, *12 Leçons de mécanique quantique*, Vuibert, 2005.

Barrow John, *Une brève histoire de l'infini*, Robert Laffont, 2008.

Boudenot Jean-Claude et Cohen-Tannoudji Gilles, *Max Planck et les quanta*, Ellipses, 2001.

Boudenot Jean-Caude et Cohen-Tannoudji Claude, *Comment Einstein a changé le monde*, EDP Sciences, 2005.

Carrière Jean-Claude, *Einstein, s'il vous plaît*, Odile Jacob, 2007.

Carrière Jean-Claude et Damour Thibault, *Entretiens sur la multitude du monde*, Odile Jacob, 2002.

Cassé Michel, *Du vide et de la création*, Odile Jacob, 1993.

Cassé Michel, *Généalogie de la matière*, Odile Jacob, 2000.

Cassé Michel et Paul Jacques, *Spin, roman noir de la matière*, Odile Jacob, 2007.

Chardin Gabriel et Spiro Michel, *Le LHC peut-il produire des trous noirs ?*, Le Pommier, « Les Petites Pommes du Savoir », 2009.

Celnikier Ludwik, *Histoire de l'astrophysique nucléaire, la naissance des atomes*, Vuibert, 2008.

Celnikier Ludwik, *Basic of Cosmic Structures*, Éditions Frontières, 1980.

Cohen-Tannoudji Claude, Aspect Alain, Brunet Éric et Dalibard Jean, *Einstein aujourd'hui*, EDP Sciences, 2005.

Cohen-Tannoudji Gilles, *Les Constantes universelles*, Hachette, « Pluriel », 1998.

Damour Thibault, *Si Einstein m'était conté*, Le Cherche Midi, 2005.

Davies Paul, *Why our Universe Is Just Right for Life ?*, Penguin, 2007.

Deutsch David, *L'Étoffe de la réalité*, Cassini, 2002.

Einstein Albert, *Comment je vois le monde*, Flammarion, « Champs », 1999.

Einstein Albert, *La Relativité*, Payot, « Petite Bibliothèque », 1990.

Einstein Albert et Infeld Leopold, *L'Évolution des idées en physique*, Flammarion, « Champs », 1993.

Eisenstaedt Jean, *Avant Einstein. Relativité, lumière, gravitation*, Seuil, 2005.

Eisenstaedt Jean, *Einstein et la relativité générale. Les chemins de l'espace-temps*, CNRS Éditions, 2007.

Feynman Richard, *Lumière et matière*, Seuil, 1999.

Gunzig Edgard, *Que faisiez-vous avant le Big Bang ?*, Odile Jacob, 2008.

Greene Brian, *L'Univers élégant*, Gallimard, « Folio essais », 2005.

Greene Brian, *La Magie du cosmos*, Robert Laffont, 2005.

Hawking Stephen, *Une brève histoire du temps. Du Big Bang aux trous noirs*, Flammarion, « Champs sciences », 2007.

Hawking Stephen, *L'Univers dans une coquille de noix*, Odile Jacob, 2002.

Kaku Michio, *Hyperspace*, Oxford University Press, 1994.

Kaku Michio, *Parallels Worlds*, Penguin Books, 2006.

Klein Étienne, *Petit voyage dans le monde des quanta*, Flammarion, « Champs », 2004.

Klein Étienne, *Il était sept fois la révolution : Albert Einstein et les autres*, Flammarion, « Champs sciences », 2008.

Lachièze-Rey Marc, *Au-delà de l'espace et du temps. La nouvelle physique*, Le Pommier, 2008.

Lachièze-Rey Marc, *Les Avatars du vide*, Le Pommier, 2005.

Lasota Jean-Pierre, *La Voie des trous noirs*, Odile Jacob, 2009 (à paraître)

Lehoucq Roland et Uzan Jean-Philippe, *Les Constantes fondamentales*, Belin, 2005.

Lévy-Leblond Jean-Marc, *De la matière. Relativiste, quantique, interactive*, Seuil, 2006.

Luminet Jean-Pierre, *Le Destin de l'univers. Trous noirs et énergie sombre*, Fayard, 2006.

Luminet Jean-Pierre, *Les Trous noirs*, Seuil, 1992.

Omnès Roland, *La Révélation des lois de la nature*, Odile Jacob, 2008.

Omnès Roland, *Les Indispensables de la mécanique*, Odile Jacob, 2006.

Paty Michel, *Einstein philosophe. La physique comme pratique philosophique*, PUF, 1993.

Paty Michel, *La Physique du XXe siècle*, EDP Sciences, 2003.

Penrose Roger et Hawking Stephen, *La Nature de l'espace et du temps*, Gallimard, « Folio essais », 1996.

Penrose Roger, *À la découverte de l'univers. La prodigieuse histoire des mathématiques et de la physique*, Odile Jacob, 2007.

Penrose Roger, *Les Deux Infinis et l'Esprit humain*, Flammarion, « Champs », 2002.

Randall Lisa, *Warped Passages : Unravelling the mysteries of universe's hidden dimensions*, HarperCollins, 2007.

Rees Martin, *Just Six Numbers*, Weidenfeld & Nicoslson, 2000.

Rees Martin, *Before the Beginning*, Touchstone Books, 1998.

Reeves Hubert et ses amis, *Petite histoire de la matière et de l'Univers*, Le Pommier, 2008.

Reeves Hubert, *Dernières nouvelles du cosmos*, Seuil, 2002.

Reeves Hubert, *Chroniques des atomes et des galaxies*, Seuil, 2007.

Rovelli Carlo et Brune Elisa, *Qu'est-ce que le temps ? Qu'est-ce que l'espace ?*, Bernard Gilson, 2008.

Smolin Lee, *Rien ne va plus en physique ! L'échec de la théorie des cordes*, Dunod, 2007.

Thorne Kip, *Trous noirs et distorsions du temps : l'héritage sulfureux d'Einstein*, Flammarion, « Champs », 2001.

Susskind Leonard, *Le Paysage cosmique. Notre univers en cacherait-il des millions d'autres ?*, Gallimard, « Folio essais », 2008.

Susskind Leonard, *The Black Hole War, My Battle with Stephen Hawking to Make the World Save for Quantum Mechanics*, Little, Brown and Company, 2008.

Uzan Jean-Philippe et Leclerq Bénédicte, *De l'importance d'être une constante*, Dunod, 2005.

Woit Peter, *Même pas fausse ! La physique renvoyée... dans ses cordes*, Dunod 2007.

Internet

ASI (Agence spatiale italienne, maître d'œuvre de PAMELA) : http://www.asi.it

Barrau Aurélien : home page

CERN, http://public.web.cern.ch/public/welcome-fr.html

European Space Agency (ESA), http://www.esa.int/

European Southern Observatory, http://www.eso.org/

GLAST (FERMI), http://glast.gsfc.nasa.gov/

INTEGRAL, http://sci.esa.int/integral

NASA, http://www.nasa.gov/home/index.html

Parizot Étienne : home page

Pierre AUGER, http://auger.org/

Planck, http://www.rssd.esa.int/index.php?project=Planck

WMAP, http://map.gsfc.nasa.gov/

REMERCIEMENTS

Je tisse aux rayons d'Odile Jacob, étoile directrice, cette ode à cieux. Toute ma gratitude va à Jean-Luc Fidel et à Gérard Jorland pour sûre guidance.

Je remercie Roland Lehoucq, Pierre Fayet, Jacques Paul, Étienne Klein, et Aurélien Barrau pour fraternité dans la recherche et dans l'errance, ainsi que Jean-Pierre Lasota et Jean-Philippe Uzan pour analyse, Richard Feynman, Yakov Zeldovich et John Archibald Wheeler pour vide éducation et pour inspiration la fée électricité/magnétisme/gravitation.

N° d'édition : 7381-2077
Dépôt légal : avril 2009

9 782738 120779